JN320342

ライブラリはじめて学ぶ物理学＝4

はじめて学ぶ 熱・波動・光

阿部　龍蔵　著

サイエンス社

サイエンス社のホームページのご案内
http://www.saiensu.co.jp
ご意見・ご要望は　rikei@saiensu.co.jp　まで.

まえがき

「はじめて学ぶ物理学」が出版されたのは 2006 年 10 月 10 日で，サイエンス社の「ライブラリはじめて学ぶ物理学」の第 1 陣である．出版に至った経緯については「はじめて学ぶ物理学」のまえがきに述べたが，このライブラリの趣旨は微分積分を使わずに物理学の習得を目的とする．続いて「はじめて学ぶ力学」が 2007 年 4 月 10 日に，また「はじめて学ぶ電磁気学」が 2007 年 7 月 10 日に発刊された．ここ 1 年の間に 3 冊本が出たわけだが読者はその早さに驚かれる一面もあろう．その理由を著者なりに分析すると次のようになる．

第 1 に，東大，放送大などの宮仕えを辞め，自由時間を十分にもてたこと．なにしろ通勤時間が往復 2 時間としてその間原稿執筆に集中できた．第 2 に，物理学関係の著書はこれまでかなりあり，それらのフロッピー・ディスクが利用できたこと．利用に際しては，フロッピーの大部分は微分積分は既知としているから，この部分は修正する必要はあった．第 3 に，同じような趣旨の出版を繰り返し，この種の出版に慣れたこと．この他，理由はあるかもしれないが，「ライブラリはじめて学ぶ物理学」の第 4 巻「はじめて学ぶ熱・波動・光」がとにかくできたので，世にお送りしたい．

当初，本書の題目は「はじめて学ぶ熱力学」であった．ところが，熱力学だけではページが埋まらない．統計力学の初歩段階を入れても事情には大差がなかった．もちろん熱学の高級な話を入れればページ数は満たされるが，微分積分は使わないという初期の方針と反するので，この方法はとらなかった．実際は，工学系を念頭に入れ，波動・光の話を第 7 章から第 9 章に入れることとした．光の部分は 2 つに分け，幾何学的に光線を扱う幾何光学を第 8 章で，光を電磁波とみなす波動光学を第 9 章で論じた．本書のスタイルはこれまでの「はじめて学ぶシリーズ」を踏襲し，本文を左ページに，図は原則として右ページに，例題，参考，補足，コラム欄は右ページに配置した．微分積分の知識は右ページに挿入した．本書の全体の流れは左側のページだけを読めば理解されるはずである．

私は昭和 41 年に東京大学教養学部基礎科学科に赴任したが，1985 年 9 月 1 日に「基礎科学科の 20 年」という著書が発行されている．この中の著者の書い

た部分を以下に紹介しよう．「41年11月2日に早速講義をやらされた．5号館の一室で，第4期生を前に開口一番次のような話をしたことを思い出す．これから私は量子力学Iの講義をやります．なにしろ生まれて初めての講義なのでわかり難い点があるかもしれません．そのときはどんどん質問してください．生まれて初めて，という言葉を聞き学生諸君は大笑いした．その笑いの中に，新米の先生で大丈夫かなという不安感と，なにか新しいことがありそうだという期待感とが複雑に入りまじっているように思えた」．

その後，第4期生には統計熱力学の講義を行ったりして，学生の顔と名前が一致した比率は生涯最高の値をとったに違いない．亡き石黒浩三先生のアイディアと思うが，基礎科学科へ内定が決まると，第4本館の玄関の前で学生の写真を撮る．その際，各学生の名前がわかるような仕組みがあった．機会がある度にこの写真を見て学生の名前を覚えた．その当時，40年後に学生のある者と酒を酌み交わせるとは夢にも思わなかった．2007年6月27日，第4期生の東実，小林喜光，志甫諒，戸塚哲也，兵頭俊夫の各氏と私と計6名が「京味」という割烹店に集まり楽しいひとときを送ることができた．小林喜光氏の三菱ケミカルホールディングスの社長昇進の祝賀会で，多少メンバーは違うが4回目の会合であった．参加者の紹介をしておくと，東実氏は東芝の専務で，少し前に東芝中央研究所の所長であった．小林喜光氏は前記の通り．志甫諒氏は日本原子力研究所に勤務され，東京工業大学の教授を兼任されていたこともある．戸塚哲也氏は別名雁屋哲氏といい，「美味しんぼ」の原作者で彼のことは拙著「はじめて学ぶ物理学」のまえがきで紹介してある．兵頭俊夫氏は陽電子消滅の研究者で東京大学教養学部物理教室の教授である．彼はまた著者が放送大で行った「運動と力」の後継者である．

こういう方々と接していて感ずることは「偉くなったな」という実感である．私が現役を引退したのに反し，彼らは現役バリバリという違いがあるかもしれない．それにしても40年経つと何が起こるかわからない．読者は，現在，熱・波動・光の分野で素人かもしれない．しかし，何年かたつとこの道の権威になるという可能性が残っている．本書がその一助になることを期待したい．

最後に，本書の執筆にあたり，いろいろとご面倒をおかけしたサイエンス社の田島伸彦氏，鈴木綾子氏にあつく感謝の意を表する次第である．

2007年秋 　　　　　　　　　　　　　　　　　　　　　　　　　　阿部龍蔵

目 次

第1章 温 度　　1
- 1.1 温度の定義 …… 2
- 1.2 高温の例 …… 4
- 1.3 低温の例 …… 6
- 1.4 熱平衡 …… 8
- 1.5 各種の温度計 …… 10
- 演習問題 …… 14

第2章 熱現象　　15
- 2.1 熱と熱量 …… 16
- 2.2 熱容量と比熱 …… 18
- 2.3 熱の働き …… 22
- 2.4 気体の熱膨張と状態図 …… 24
- 2.5 熱の移動 …… 28
- 演習問題 …… 30

第3章 熱と仕事　　31
- 3.1 熱と仕事との関係 …… 32
- 3.2 火の歴史 …… 34
- 3.3 熱の仕事当量 …… 38
- 3.4 状態方程式 …… 40
- 演習問題 …… 44

第4章 熱力学第一法則　　45
- 4.1 内部エネルギー …… 46
- 4.2 熱力学第一法則 …… 48
- 4.3 理想気体の性質 …… 50
- 4.4 断熱変化 …… 52

4.5	熱機関	54
4.6	カルノーサイクル	56
	演習問題	58

第5章　熱力学第二法則　59

5.1	可逆過程と不可逆過程	60
5.2	クラウジウスの原理とトムソンの原理	62
5.3	可逆サイクルと不可逆サイクル	64
5.4	クラウジウスの不等式	66
5.5	エントロピー	68
5.6	エントロピー増大則	70
	演習問題	72

第6章　分子の熱運動　73

6.1	気体分子の熱運動	74
6.2	理想気体の内部エネルギー	76
6.3	運動の自由度と比熱比	78
6.4	物質の三態	80
6.5	固体の内部エネルギー	82
	演習問題	84

第7章　波動　85

7.1	波動の基礎概念	86
7.2	波を表す方程式	88
7.3	波の性質	90
7.4	音波	94
7.5	ドップラー効果	96
7.6	定常波	98
	演習問題	102

目　次　　　　　　　　　　　v

第 8 章　光　　　　　　　　　　　　　　　　　　　　103

- 8.1　光　線 104
- 8.2　レンズ 106
- 8.3　レンズの公式 108
- 8.4　光学器械 112
- 　　演習問題 114

第 9 章　光と電磁波　　　　　　　　　　　　　　　115

- 9.1　電磁波の分類 116
- 9.2　光の分散 118
- 9.3　光の干渉と回折 120
- 9.4　薄膜による干渉 124
- 9.5　偏波と偏光 126
- 　　演習問題 128

演習問題略解　　　　　　　　　　　　　　　　　　129
索　引　　　　　　　　　　　　　　　　　　　　　148

コラム

低温の実現　7
ごみの処理　13
アインシュタイン模型とデバイ模型　21
インバー　23
火の功罪　37
臨界圧縮因子　43
カルノーサイクルの意味　57

ビデオの威力　61
エントロピー増大則と国歌　71
時間平均と集団平均　83
格子力学とソリトン　101
目とカメラ　107
詩人野口雨情と作曲家中山晋平　123

第 1 章

温 度

　寒暑の度合いを定量的に表す物理量を温度という．気温，体温などはなじみの深い物理量である．熱と温度は日常的に使われ，「風邪をひいたため熱がある」といった言い方をする．しかし，物理の立場ではこのような用法は間違っている．正確には「風邪をひいたため温度が高い」といわなければならない．物体に入りその温度を上下させる原因となるものが熱である．この章で熱平衡に関して学ぶが，熱平衡状態の物理系を支配する物理法則を中心とした理論体系を熱力学という．熱力学では体系の微視的な性質に立ち入ることなく，その性質を調べるのでしばしば現象論と呼ばれる．熱の本性が明らかになったのはそれほど古い話ではないが，この問題は後回しとし，ここでは物体の温度に関する基本的な事項について学ぶ．

本章の内容
1.1 温度の定義
1.2 高温の例
1.3 低温の例
1.4 熱平衡
1.5 各種の温度計

1.1 温度の定義

セ氏温度　寒い，暑い，冷たい，暖かいといった寒暖の度合いを定量的に表すものが温度である．よく使われる単位は**セルシウス度**あるいは**セ氏温度**で，1気圧の下，氷の溶ける温度を 0，水が沸騰する温度を 100 と決め，この間を 100 等分して 1 度とする．ちなみに，セルシウス (1701-1744) はスウェーデンの物理学者で 1742 年にセ氏温度を導入した．この温度を記号で ℃ と表す．さらに，この目盛りを 0 ℃ 以下および 100 ℃ 以上におし広げて使用する．通常の温度計は℃目盛りで表され，体温，気温を測る場合にはこの目盛りが使われる．身近な物理量にはいろいろな種類のものがあるが，気温はその一例である (例題 1)．

カ氏温度　氷の溶ける温度を 32，水の沸騰する温度を 212 と決め，その間を 180 等分し 1 度とした温度を**カ氏温度**といい，それを表すのに ℉ の記号が使われる．カ氏温度はドイツの物理学者ファーレンハイト (1686-1736) により 1724 年導入された．ファーレンハイトは中国語表記で華倫海と書け，これを日本流に華氏と表し，それが片仮名表記でカ氏となった．セ氏温度とカ氏温度との間には

$$（カ氏温度） = \frac{9}{5} \times （セ氏温度） + 32 \tag{1.1}$$

という関係が成り立つ．アメリカでは依然として気温や体温を測るのにカ氏を使っているので注意が必要である．20 ℃ が 68 ℉ に等しいことは両者の換算の典型的な例として記憶されるべきであろう．

絶対温度　温度を表すのに物理では絶対温度を使う．物理量を表すとき，長さを m，質量を kg，時間を s，電流を A で表す単位系が使われる場合があって，これを**国際単位系**または **MKSA 単位系**という．絶対温度は国際単位系における温度の尺度であると考えてよい．温度には高い方に制限はなく，いくらでも高い温度を想定することができるが，低い方には制限があり，それ以下の温度は実現不可能という下限が存在する．この温度は -273 ℃ (正確には -273.15 ℃) で，それを**絶対零度**という．t ℃ の t に 273.15 を加えたものが絶対温度で通常これを T の記号で表す．すなわち

$$T = t + 273.15 \tag{1.2}$$

である．絶対温度の単位は**ケルビン** (K) で，例えば 27 ℃ の温度はほぼ 300 K となる．ケルビン (1824-1907) はイギリスの物理学者で K の記号はその頭文字に由来する．温度差を表すとき，℃のかわりに K の記号を用いる．

1.1 温度の定義

例題 1 表 1.1 は 1971 年から 2000 年までの東京における月別の気温の平均値（°C）である．この表を使って以下の問に答えよ．
(a) 表 1.1 を用い，平均気温の毎月の変化を表すグラフを描け．
(b) 東京の年当たりの平均値は何 °C か．

表 1.1 東京における月別の平均気温（°C）

1月	2月	3月	4月	5月	6月	7月	8月	9月	10月	11月	12月
5.8	6.1	8.9	14.4	18.7	21.8	25.4	27.1	23.5	18.2	13.0	8.4

解 (a) 図 1.1 のようになる．

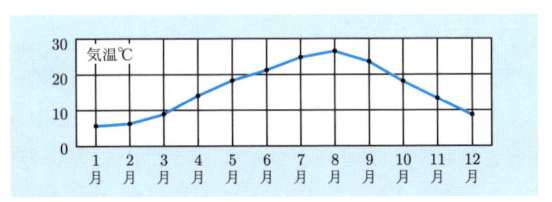

図 1.1 東京における平均気温

(b) 表 1.1 の各月の気温を 1 年間について平均すると

$$\frac{5.8+6.1+8.9+14.4+18.7+21.8+25.4+27.1+23.5+18.2+13.0+8.4}{12}$$
$$=15.9$$

と計算され，求める気温は 15.9 °C となる．

補足 東京の平均温度　著者は 1930 年 7 月 11 日，東京で生まれこの本が世に出る頃は多分 77 歳になっているであろう．外国に 2 年間過ごした以外はほとんど東京で暮らしている．1964 年に結婚するまで品川区の大井町で過ごしたが，1966 年以後は現在の世田谷区にいる．いわば大井町は著者の故郷である．東京の気温は子供のときはいまより低かったような気がする．子供の頃，よく霜焼けができた．霜焼けは足や手にできた．霜焼けができると単にかゆいだけでなく症状が進むと化膿してくる．この状態を霜焼けが崩れると称したが，著者の左の人差指にはその頃の傷痕がまだ残っている．現在のように暖房が整っている時代には考えられないことである．子供の頃，父親の弟はアイスホッケーをやっていた．練習場は長野県の松原湖でとにかく冬は凍った．富士五湖も凍った．箱根でも外は冬の間凍るので戸外でスケートができた．最近は暖冬のせいか，冬の間には東京周辺の湖は凍らなくなってしまった．

1.2 高温の例

生物と温度　寒すぎても，暑すぎても生物は生きていけない．地球上の気温は大ざっぱにいって $-20\,°C \sim 40\,°C$ という範囲であろう．風呂の適温は $43\,°C$ といわれているが，これより数度高いとやけどをする可能性がある．しかし，物理の対象は高温，低温などいろいろな場合がある．それらの例を図示したのが図 1.2 である．この図は著者が放送大学で「物理の世界」という講義を担当したときのイラストに基づいている．以下，本節では高温の例について述べていく．

星，太陽の温度　星の爆発に伴う温度は 20 億 K，太陽の中心温度は 1500 万 K，その表面温度は 6000 K であると推定されている．日食のときみられる太陽コロナ（図 1.3）は 100 万 K ほどである．恒星は自ら輝く星であるが，その色は星の表面温度で決まる．赤 → 黄 → 青の順に，ほぼ虹の色の並び方につれ温度は高くなる．さそり座の赤い星アンタレスの表面温度は 3000 K，北斗七星の柄を延長したところに見えるアークツルス（図 1.4）はだいだい色で表面温度は 4000 K，大犬座の青白く輝くシリウスでは 1 万 K の程度である．

高温プラズマ　気体を超高温にすると気体分子は原子核と電子とに分離して，それぞれの粒子は自由に運動するようになる．このような正負の荷電粒子の集団を**プラズマ**という．未来のエネルギー源として注目されている核融合反応では，1 億 K 以上の高温プラズマを発生させることが必要とされる．

炎の温度　家庭で使われる都市ガス，プロパンガスなどの気体が燃えると炎ができる．ガスレンジの炎の一例を図 1.5 に示す．この炎の温度は 1000 K〜2000 K 程度の高温である．炎の温度は，その部分によって違う．空気を十分与えて燃やしたとき，外炎の少し上の部分がもっとも高温となる．

電気炉　電熱器のニクロム線に電流を流しておくと 1000 K くらいになる．さらに高温を得るためには，アーク放電を利用する．すなわち，2 本の炭素棒を密着させ電流を流しておき，静かに炭素棒を離していくと，炭素棒の間で放電が起こり，高い温度と強い光が発生する．これを**アーク放電**といい，約 4000 K 以上の高温が得られる．電気炉はこのような原理，すなわち電流によるジュール熱，アーク放電の発生などを応用した炉で，現在，金属工業および化学工業の方面で広く使われている．なお，アーク放電を利用した電灯は**アーク灯**と呼ばれ，我が国で初めて 1878 年に灯った電灯はアーク灯であった．また，アーク灯は強い光を利用し映写機の光源として使われた．

1.2 高温の例

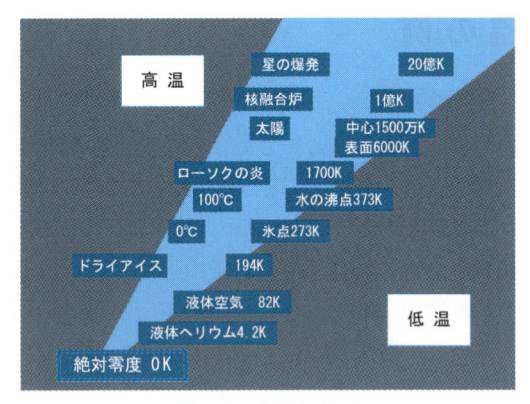

図 1.2 高温と低温

図 1.3 太陽コロナ

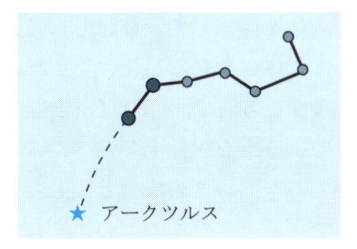

図 1.4 北斗七星とアークツルス

参考 温度と食生活　温度はわれわれの食生活と密接に関係している．早い話，生の米をそのまま食べるわけにはいかず，適当な調理が必要である．「始めトロトロ中パッパ」といわれた炊飯の温度調整も最近では炊飯器内蔵のコンピュータがやってくれる時代となった．100 °C近くの温度でぐらぐら煮え立つ鍋焼きうどんは冬の料理の醍醐味といえるだろう．野菜，鶏卵，刺し身

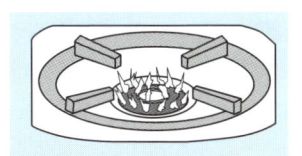

図 1.5 ガスレンジの炎

などは生のまま食するが，大抵の場合，食べ物は何らかの意味で火を通している．料理番組がテレビを賑わせるのも無理からぬ話と思える．終戦後すぐには食料難で多くの日本人が悩んだ．当時，著者は旧制の高校の生徒で寮に住んでいたが，食堂のみそ汁の具に乾パンが入っていたことがあった．あの頃と比べると現在は夢のような感じである．料理をする際，水を使う限り最高の温度は 100 °C であるが，油を使うともっと高い温度で料理が可能となる．テンプラでは 160 °C 〜 180 °C で調理するのが最適とされ，ベテランのテンプラ職人は音でその温度を測っているという話がある．温度は食生活では欠かせない物理量といえる．

1.3 低温の例

寒剤　氷に食塩や塩化カルシウムなどを加えると，0 ℃以下が実現し －20 ℃から －50 ℃程度の低温が得られる．このような低温を実現させるための物質を**寒剤**(かんざい)という．二酸化炭素を数 10 気圧の高い圧力でボンベに詰めて液化させ，これを急に空気中に吹き出させると，液体から気体になるとき温度が下がり，雪のような白い粉ができる．これは二酸化炭素の固体で，いわゆるドライアイスである．ドライアイスは約 －80 ℃の低温になっていて寒剤として利用される．例えば，アイスクリームを冷やすのにドライアイスが使われている．

電気冷蔵庫　液体を気体にするためには液体にある量の熱を加える必要がある．この熱を**気化熱**(きかねつ)という．気化熱について第 2 章で詳しく述べる．アンモニアの気体を圧縮して液体にし，これを急に圧力の低いところへ吹き出させると液体は気体に変わる．この際，液体は気化熱を奪うのでまわりの温度が下がる．このような方法で，－10 ℃程度の低温が実現する．電気冷蔵庫はこの原理を利用している．なお，上で述べたように，二酸化炭素を吹き出させたとき温度が下がるのも，いまの場合と同じで液体が気体になるとき気化熱を周囲から奪うためである．アンモニアのように低温を実現する物質を**冷媒**(れいばい)という．電気冷蔵庫の冷媒としてフロンが利用されたが，成層圏のオゾン層を破壊することがわかり，1995 年以降フロンは生産中止となった．

液体空気　熱の出入りがないようにして気体を急に膨張させると，その気体の温度が下がる．これを**断熱膨張**という．断熱膨張を何回も繰り返すと，気体の温度はどんどん下がっていき，ついには気体は液体となる．例えば，液体空気はこのような方法で作られる．液体空気は液体窒素（77.3 K），液体酸素（90.2 K）の混合物である．ただし，括弧内の温度はそれぞれの物質の沸点を表す．沸点に関する詳しい説明は 2.1 節で述べる．

クーラー　低温を実現させるための装置を一般に**クーラー**という．上記の寒剤，電気冷蔵庫，液体空気などは一種のクーラーであるとも考えられる．最近はクーラーのことをエアコンと呼ぶようになった．もっとも自動車の場合にはカークーラーといい，カーエアコンとはあまりいわないようである．クーラーの基本的な機能は絶えず低温部から高温部へと熱を運び低温部をいつまでも低温に保つようにすることである．熱は放置しておくと高温部から低温部へと流れてしまう傾向をもつ．いわば熱は高温部から低温部へと一方通行的に流れる．自然界におけるこの種の傾向を**不可逆過程**という．

1.3 低温の例

低温の実現

物を暖めるのは簡単でも物を冷やすのは困難である．とった魚を放置しておくと腐ってしまう．腐敗の原因を取り除くには魚を冷やせばよい．食料品の保存という実用上の要求から低温工学が出発した．ドイツの物理学者リンデ（1842-1934）はアンモニアを使う圧縮冷凍機を19世紀末に作り氷の大量生産に成功した．さらに断熱膨張などを利用し低温を実現しようとする試みが始まった．

1908年，オランダの物理学者カマリング・オネス（1853-1926）はヘリウムの液化に成功し，4Kくらいの極低温を実現させた．液体ヘリウムを急に気化させると，約1Kの極低温が得られる．さらに，液体ヘリウム中に適当な物質を入れ，それを磁場で磁化させてから急に磁場を取り去ると，10^{-5} K程度の極低温が実現する．この方法を**断熱消磁**という．断熱消磁には適当な常磁性体が利用される．極低温における物質の性質を研究する物理学の分野を**極低温物理学**という．極低温の世界では，不思議な現象がいくつか発見された．例えば，2.2 K以下の液体ヘリウムはHe IIと呼ばれるが，この液体は常識では理解できないような現象を示す．すなわち，通常の液体が通れないような極めて細い管をHe IIは楽々通過してしまう．またHe IIを容器に入れておくと，液体が壁を這い昇り容器の外に流れ出てしまう（図1.6）．このような特異的な現象を**超流動**という．超流動は量子力学的な原因によって起こるものと考えられている．

ある種の金属（水銀，鉛，スズなど）を冷やすと数Kという極低温でその電気抵抗が突然0になる現象が観測される．これを**超伝導**という．それに対し通常の電気伝導を**常伝導**という．ヘリウムの液化に成功したカマリング・オネスは極低温における物質の性質を研究しているうちに，1911年，水銀の電気抵抗が4.2 K以下で完全に0になってしまうことに気づき，超伝導を発見した．超伝導状態のコイルには電流が永久に流れるので，永久磁石が実現する．このような磁石は**超伝導磁石**と呼ばれ，図1.7にその原理を示す．超伝導磁石はMRI（Magnetic Resonance Imaging）に利用され，脳こうそく，癌の発見などに使われている．

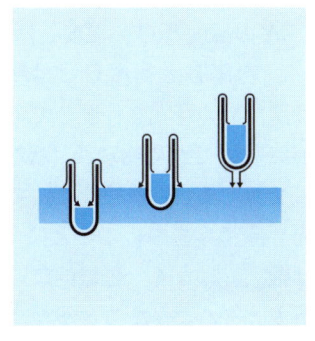

図1.6 液体He IIの超流動

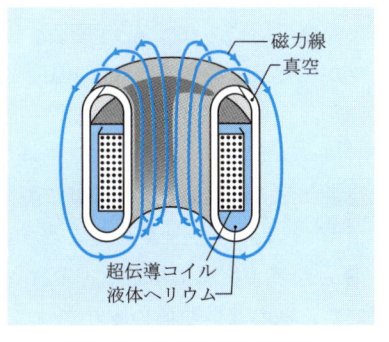

図1.7 超伝導磁石の原理

1.4 熱平衡

温度変化と熱の移動　やかんの中の熱い湯をさますためには，図 1.8 に示すようにやかんを洗面器中の冷たい水にひたしておけばよい．このとき湯の温度が下がるとともに，まわりの水の温度が上がる．これはやかんの湯の熱がまわりの水に移り，このためやかんの湯は冷え，まわりの水が暖まる，と考えられる．一般に，高温物体と低温物体とを接触させておくと，前者から後者へ熱が移動する．そうして高温物体の温度は下がり低温物体の温度は上がる．このような熱の移動を**熱伝導**という．

熱平衡　図 1.8 のようにやかんを水にひたしておくと，湯から水へ熱が移動するが，しばらくたつと，湯の温度と水の温度が同じになり，熱の移動が止む．このように 2 つの物体があって，それらの温度が同じであり，2 つの物体の間に熱の移動がないとき，この 2 つの物体は**熱平衡**の状態にあるという．違う温度の物体を接触させたとき，両者が熱平衡に達するには若干の時間が必要である．図 1.9 は図 1.8 のような場合に洗面器中の水温の時間変化を表す実例である．最初 11 ℃であった水温が時間経過とともに増大し，6 分程度経過すると一定値 30 ℃に落ち着き熱平衡に達する様子が示されている．一般に，温度が違う 2 つの物体を接触させたとき，熱平衡に達するまでの時間は，物体の温度差，まわりの環境などにより異なる．実例については右ページの補足を参照せよ．

三物体間の熱平衡則　物体 A が物体 B と熱平衡にあり，また，物体 A が物体 C と熱平衡にあるとする．このとき，物体 B は物体 C と熱平衡状態にある．このことを**三物体間の熱平衡則**あるいは**熱力学第 0 法則**という．A と B，A と C とが熱平衡にあれば A の温度と B の温度，A の温度と C の温度とは等しい．したがって，B の温度と C の温度とは等しく，物体 B と物体 C とは熱平衡状態になる．A を温度計と思えば，この法則は温度計の存在を保証している．

右ページで説明するように，一様な物体の状態は，2 つの物理量（**状態量**）で記述される．状態量に関してはこの後，2.3 節で論じるが，状態量として圧力 p，体積 V を考え，物体 A の量を表すのに A という添字をつけることにする．A と B とが熱平衡にあると p_A, V_A, p_B, V_B は独立ではなく，経験的にこれらの間にある種の関数関係の成り立つことがわかる．このようなことから，

$$f_1(p_A, V_A) = f_2(p_B, V_B) = f_3(p_C, V_C) \tag{1.3}$$

の関係を満たす関数の存在が証明され，この共通の関数が温度である．

1.4 熱平衡

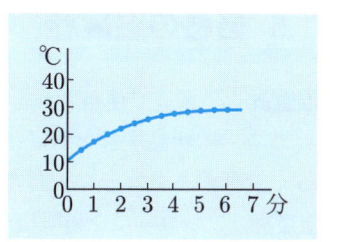

図 1.8　洗面器中の水にひたしたやかん

図 1.9　水温の時間変化

補足　**力学における平衡と熱平衡**　力学の場合には，物体にいくつかの力が働き結果として物体が静止しているとき，その物体は平衡状態にあるという．熱の場合でも同じことで，いわば熱が静止していれば熱平衡状態が実現していると考えてよい．図 1.9 は冬の寒い日の実験データを表し，始めの段階で水温は 11 °C と低めであるが，夏の場合には水温は高くなるものと期待される．一定温度に落ち着くまでの時間は水温によって若干違うが，全体の傾向は大差ない．

参考　**三物体間の熱平衡則と温度**　三物体間の熱平衡則は当然のことを述べているように思えるが，実はそうではない．この法則は温度の存在の数学的な証明に役立つのである．これはカラテオドリ（1874-1950，ドイツの数学者）の定理と呼ばれるが，その説明には偏微分方程式の知識が必要なので詳細には立ち入らず話の概略を述べておく．興味ある読者は後記の文献をご参考願いたい．

一様な物体の状態は，2 つの物理量で記述される．常識的にこの結論は正しいと判断されるが，このような物理量を**状態量**という．状態量として圧力 p，体積 V を考え，物体 A の量を表すのに A という添字をつけることにする．同じように p_B, V_B を定義する．A と B とが熱平衡にあると p_A, V_A, p_B, V_B は独立ではなく，経験的にこれらの間にある種の関数関係の成り立つことがわかる．すなわち

$$\varphi_1(p_A, V_A, p_B, V_B) = 0 \tag{1}$$

となり，同様に

$$\varphi_2(p_A, V_A, p_C, V_C) = 0 \tag{2}$$

と表される．B と C が熱平衡ということから

$$\varphi_3(p_B, V_B, p_C, V_C) = 0 \tag{3}$$

が得られる．三物体間の熱平衡則は (1), (2) が成立すれば，(3) が導かれることを意味し，これから数学的に (1.3) の関係が証明される．興味ある読者は

　　　　坂井卓三著「熱学の理論」誠文堂新光社 (1947), p.7

あるいは

　　　　阿部龍蔵著「新・演習 熱・統計力学」サイエンス社 (2006), p.8

などを参照されたい．

1.5 各種の温度計

液体温度計　家庭で使用される普通の温度計は液体の規則正しい熱膨張を用いたもので，棒状温度計とも呼ばれる．下部に水銀あるいはアルコールを入れておく管球があり，その上は毛管になっている．水銀を利用した温度計を**水銀温度計**，アルコールを利用したものを**アルコール温度計**という．アルコール温度計の一例を図 1.10 に示す．目盛りを読みやすくするため，液体を赤く着色している．水銀温度計，アルコール温度計の適用範囲はそれぞれほぼ $-30\ ℃\sim 300\ ℃$，$-100\ ℃\sim 80\ ℃$ である．水銀は $-38.9\ ℃$ で固体になってしまうので，水銀温度計はこれ以下の温度では使えない．

体温計　体温計は基本的に液体温度計であるが，最近では温度が数字で表示されるデジタル式の体温計が使われている．この体温計では最初の温度の上昇具合から熱平衡の温度をコンピュータで予測するので 1 分程度の短時間で体温が測定できる．

バイメタル温度計　熱膨張の仕方が違う 2 種の金属の薄い板をはりあわせたものは，温度によって曲がり方が変わる．これを**バイメタル**という．バイメタル温度計（図 1.11）では，まるく曲げたバイメタルに針をつけ，温度が変わったとき，曲がり方も変わりそれが針に伝わって温度が測定できる．温度を円形に表示できるのがこの温度計の特徴である．図 1.12 に示すように，バイメタルを使った**自記温度計**も実用になっており温度の時間経過が記録できる．また，温度調節のための装置，すなわち**サーモスタット**にはバイメタルが用いられていて，エアコン，ガスヒーターなどに利用されている．

抵抗温度計　金属の電気抵抗は温度が下がると小さくなる．したがって，逆に電気抵抗を測定することによって温度を知ることができる．このような原理を利用した温度計は**抵抗温度計**と呼ばれ，白金がよく使われる．

光高温計　物体からは，右ページの参考に示すように，熱放射という現象によって，電磁波が放出されている．物体の温度が約 $700\ ℃$ 以上になると，可視光が放出されるようになる．高温物体が出す光の性質を調べると，その物体の温度を測定することができる．最近では物体の出す赤外線を感知し測定場所をレーザマーカで指定するような赤外線放射温度計（温度範囲 $-20\ ℃\sim 315\ ℃$）も実用化されている（図 1.13）．

サーモグラフィー　熱放射の波長から物体の温度を測り，物体の温度分布を色によって表示でき，このような方法を**サーモグラフィー**という（図 1.14）．

1.5 各種の温度計

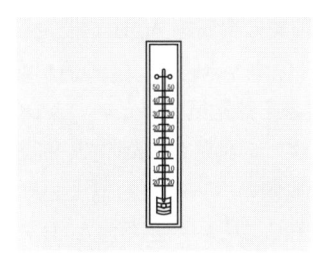

図 1.10 アルコール温度計

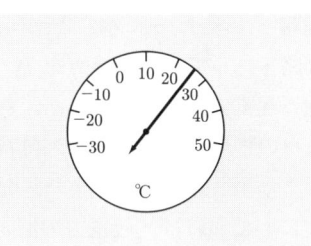

図 1.11 バイメタル温度計

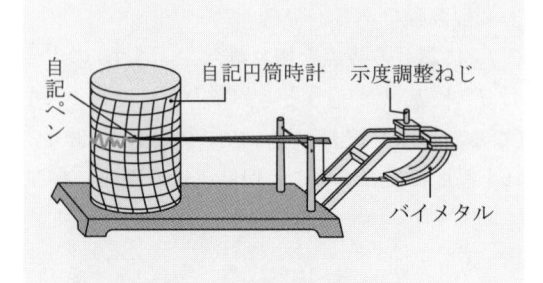

図 1.12 バイメタル自記温度計

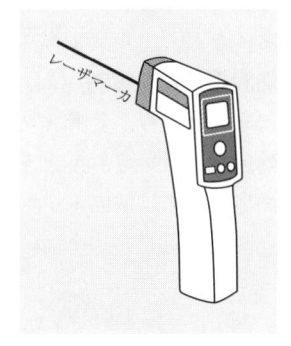

図 1.13 赤外線放射温度計

補足 医療とサーモグラフィー　サーモグラフィーを利用すると，体の各部分の温度を色で表すことができるので，これは医療などに使われている．

参考 熱放射　熱の伝わり方には 2.4 節で学ぶように，熱伝導，対流，熱放射の三種がある．温度のある物体はどんなに低温でもその温度で決まるような電磁波を放射し，これを一般に**熱放射**という．熱放射自身は物理学の問題として 20 世紀の初頭からいろいろと研究されてきたが，最近は観測機器の発達によりわずかな熱放射の測定

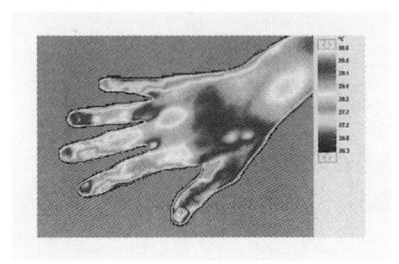

図 1.14　サーモグラフィーの一例
(「物理のトビラをたたこう」，阿部龍蔵，岩波ジュニア新書，2003)

が可能となった．例えば，宇宙のどの方向からも一様に飛来する電磁波が観測され，絶対温度 3 K の熱放射に相当する．これは**宇宙背景放射**と呼ばれ，初期の段階に宇宙を満たしていた放射の名残とされている．

熱電対　図 1.15 に示すように，異なった種類の金属線 A, B を接続して 1 つの回路を作って 2 つの接点を T_1, T_2 の温度に保つとき，T_1, T_2 の値が違うと回路中に起電力が発生し電流が流れる．この現象を**熱電気効果**といい，1821 年にドイツの物理学者ゼーベック (1770-1831) によって発見されたので，別名，ゼーベック効果と呼ばれる．また，このような金属線のペアを**熱電対**という．T_1 を一定にしておけば，起電力の測定から T_2 を知ることができる．A, B のペアとして，例えば銅とコンスタンタン (銅とニッケルの合金)，アルメル (ニッケルを主とした合金) とクロメル (ニッケルおよびクロムを主とした合金) が使われる．なお，アルメルもクロメルも登録商標である．

熱起電力と熱電対　図 1.15 で T_2 における接点を切り離し，図 1.16 のようにしたとする．金属 A の両端には T_1 と T_2 とが違うとき起電力が発生しこれを**熱起電力**という．A と B とが異なると，熱起電力が違うので図 1.16 のように両者の間には電位差が生じ，これを温度に換算することが熱電対の原理である．

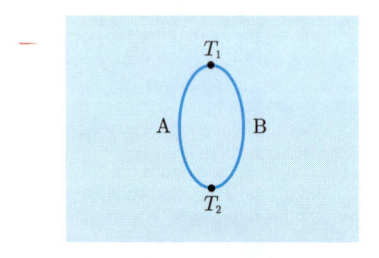

図 1.15　熱電対

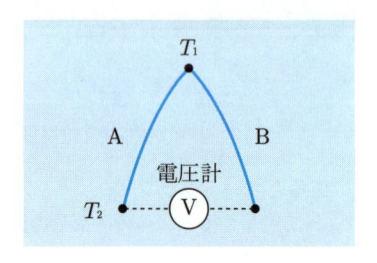

図 1.16　熱起電力

熱電対の利用　家庭から出るいわゆる燃えるごみは，ごみ回収車 (図 1.17) で集められ焼却炉で燃やされる．この熱を利用し温水プールを作ったり発電を行う場合がある．炉の温度があまり高くなると炉が壊れてしまうので，炉の寿命を延ばすという意味で，炉の温度が大体 900 ℃ になるよう管理されている．炉の温度を測定する

図 1.17　ごみ回収車

のに熱電対が利用され，炉の温度が高くなり過ぎると水が放出され炉を冷やすような工夫がされる．熱電対は案外身近な生活と関係している点で注目される．

ごみの処理

　著者が子供だった1940年代，いまほどごみは出なかった．各家庭の家のまわりにはどこかにごみ箱がありごみはその中に収納したが，誰がとりにくるのか判然としない．毎日出る野菜のごみとか魚のかすは俗称「チリンチリン」の車に捨てた．「チリンチリン」の車は文字どおり「チリンチリン」と鳴り響く鐘を鳴らし周辺の人の注意を引いたのである．人間の排泄物はくみとられて東京湾に捨てられた．著者の住む世田谷区の岡本は江戸時代，江戸の中心にいってもなかなか人間の排泄物がもらえなかったことが郷土史の資料に出ている．これは作物のよい肥料になったのである．人間の排泄物の中にはまだ十分な栄養があり，これを豚に食わせ，その豚の肉を人間が食するという一種のリサイクルが行われたという話である．

　経済の高度成長が始まるとごみは次第に増えていった．一説によると現在のGDPは1940年代の50倍に達しているとの話があり，ごみの量も50倍になったと考えるのが自然である．各家庭のごみ箱やチリンチリンは役に立たず，週によってごみの捨てる場所と時間が決まっている．時間は全国一律でないが，わが家の方では火，金曜日が可燃ごみ，木曜日が資源ごみ，土曜日が不燃ごみとなっている．この他，家具や自転車などの粗大ごみを捨てるときは適当な料金を払いとりにきてもらっている．ごみを減らす1つの方法はたき火をすることである．ある著名な物理学者によると，たき火は物理的なものの考え方を学ぶのに役立つとのことである．実際，消えかかった火を再び盛んにするためには若干の工夫と努力が必要であるが，これは物理の考え方につながるというわけである．東京都の知事が美濃部さんだった時代，家庭用のごみ焼却炉を購入し燃えるごみは家で燃やしごみ行政に多少とも寄与しようとした．1週間分のチラシなどを焼却炉に燃やすようにしたが，チラシの数が多くなったこと，煙のため家の壁が汚れてしまうなどの理由で2001年に中止することとした．

　昔「くずーい，おはらい」という呼び声で家の不要品を買ってくださる「くずやさん」がいた．童話の文福茶釜には，タヌキの化けた茶釜が悪さをするので寺の前を通ったくずやさんに茶釜を売り払う話が出てくる．不要になった新聞紙，一升ビン，ビールビンなどを保存しておき，これらを現金化するのは悪い考えではない．現在の資源ごみはこのようなごみの一処理法であろう．それにしてもなぜくずやさんが消滅したのであろう．これは法律のせいだという人もいる．ごみを極力減らすスローガンとして「3R運動」というものがある．これはreduce, reuse, recycleの頭文字をとったものだが，「もったいない」という言葉が世界的になったりしている．物の収納の方法としてビニール袋を使わず昔風の風呂敷を使った方がいいかも知れぬ．文明の発達は，長い目で見ると人間にとって必ずしも善ばかりではないようである．

演習問題 第1章

1 体温をセ氏温度 36 °C とする．これをカ氏温度で表すと何 °F となるか．

2 50 年程前著者がアメリカに滞在していたとき，体験した最低気温はカ氏温度で 8 °F であった．これはセ氏温度では何 °C となるか．

3 カ氏温度の零度すなわち 0 °F は絶対温度で表すとどうなるか．

4 鉄，コバルト，ニッケルは遷移金属の御三家と呼ばれ，いずれも常温で強磁性体である．温度を上げると，強磁性から常磁性へと状態が変化しその温度を**キュリー温度**という．一般に，温度を変えたとき 1 つの相から他の相へ変化する現象を**相転移**，相転移の起こる温度を**転移温度**という．ふつう転移温度を T_c の記号で表す．相の定義については 2.3 節で述べるが，常磁性と強磁性との転移温度がキュリー温度である．鉄，コバルト，ニッケルのキュリー温度は絶対温度で 1043 K, 1400 K, 631 K と測定されているが，セ氏温度で書くとどうなるか．

5 夏の暑い日，涼しくなるために現代人はエアコンのある部屋に入り外部より低い温度を保とうとする．エアコンなどがないとき人あるいは動物は次のような方法で涼しくなろうとした．以下の (a)〜(c) で熱をどのように奪ったかについて論じよ．
  (a) 庭に打ち水をして涼しくなろうとした．
  (b) 扇子あるいは団扇で体を扇いだ．
  (c) 犬はハーハーいって激しく息を吐いた．

6 超伝導を示す物体（超伝導体）の内部には磁力線が侵入しないという性質がある．この性質を**完全反磁性**とか**マイスナー効果**という．この効果のため超伝導体の上に磁石をおくとその磁石は空中に浮くようになり，この現象を**浮き磁石**という．超伝導体の表面が平面であるとしてこのような現象が起こる理由を説明せよ．

7 通常の温度で超伝導になるような物質が発見されたとし，この物質で導線を作ったとする．家庭でこのような導線を使うとき予想されるメリットあるいはデメリットについて論じよ．

8 三物体間の熱平衡則において物体 A, B, C はそれぞれ 1 モルの理想気体であると想定する．理想気体については 3.4 節で詳しく論じるが，p.9 の (1) の関係は

$$p_A V_A = p_B V_B$$

と書けるとしてよい．(1.3) (p.8) はどのようになるか．

9 図 **1.13** (p.11) で示した赤外線放射温度計では物体と触れることなく温度の測定が可能である．実用的な面でこの性質はどんな利点があるかについて考察せよ．

第2章

熱現象

　物体の中に入り込みその温度を変化させる原因になるものを熱という．また，熱を数量的に表すものは熱量と呼ばれ，その伝統的な単位はカロリーである．1カロリーとは1gの水の温度を1Kだけ高めるのに必要な熱量で，ダイエットと関係しこれを知らない人はいないくらいである．カロリーは有名な単位であるが，物理学の立場として，エネルギーの単位には第3章で述べるジュールの使用が推奨されている．物体に熱が加わるとその温度が上がるが，それに伴い，物体の大きさが変化したり，液体から気体へといった状態変化が起こる．このような状態変化を記述するのに状態図が使われる．また，熱が移動するには，熱伝導，対流，熱放射の3種がある．本章では熱と関連のある現象を論じる．

本章の内容

2.1 熱と熱量
2.2 熱容量と比熱
2.3 熱の働き
2.4 気体の熱膨張と状態図
2.5 熱の移動

2.1 熱と熱量

熱の定義と熱量 図 1.8 (p.9) のように，高温物体と低温物体とを接触させると，高温部から低温部へ熱が移動する．一般に，物体の中に入り込みその温度を変える原因になるものを**熱**という．図 2.1 のように，ガスバーナーで水を加熱するとき，十分時間をかけ熱を加えれば加えるほど水の温度が高くなる．すなわち，熱には「熱の量」といったものが考えられる．熱の量を**熱量**という．

熱量の単位 熱量の伝統的な単位は**カロリー**（cal）で，1 cal とは水 1 g の温度を 1 K だけ上げるのに必要な熱量である．正確には，水 1 g の温度を 14.5 ℃ から 15.5 ℃ まで 1 K だけ上昇させるのに必要な熱量が 1 カロリーである．食物の熱量をカロリーで表すとき大カロリー（= kcal = 10^3 cal）を使う．後で学ぶように，熱量は力学的な仕事と等価である．このため，熱量を仕事の単位である**ジュール**（J）で表すこともできる．物理の立場としてはジュール単位を用いることが望ましい．

潜熱 図 2.1 のビーカーに水のかわりに一定量の 0 ℃ の氷を入れ，これをバーナーで熱したとする．ただし，バーナーは一定の割合で熱を提供するものとする．氷は溶けて水になるが，全部が水になるまで温度は 0 ℃ のままで図 2.2 の A と B の間では氷と水が共存する．この場合，氷に加わる熱は温度を上げるのではなく氷という固体状態が水という液体状態に変わるために使われる．このような熱を**融解熱**といい，その値は氷では 1 g 当たり 80 cal である．図の B と C との間で熱は水の温度を上げるのに使われる．C で水の**蒸発**（気化）が始まると全部が水蒸気（気体）になる D まで水と水蒸気が共存し，温度は 100 ℃ に保たれる．C と D との間に加えられた熱量は液体状態を気体状態に変えるのに使われる．この熱量を**気化熱**といい，その値は水 1 g 当たり 539 cal である．また，以上のような状態変化に伴う熱を**潜熱**という．

図 2.1　水の加熱

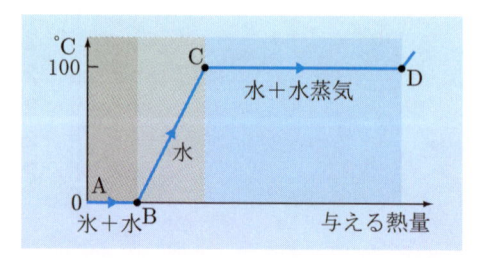

図 2.2　水の状態の変化

2.1 熱と熱量

[補足] 質量と熱量 一般に水を加熱したとき，ある温度に上昇させるため必要な熱量はその水の質量と温度差の積に比例する．

[参考] 潜熱の数値 ある一定圧力のもと固体が液体になる現象を**融解**，その温度を**融点**といい，このとき加える熱量が**融解熱**である．特に，氷の融点を**氷点**という場合がある．逆に液体が固体になる現象を**凝固**，その温度を**凝固点**という．凝固の際，融解熱と同じ熱量が放出される．同じように，一定圧力下で液体が気体になる現象を**蒸発**（**気化**），その温度を**沸点**，加える熱量を**気化熱**という．逆の変化，すなわち気体が液体になる変化を**凝縮**というが，凝縮の際，気化熱と同量の熱量が放出される．融解熱，気化熱などの潜熱は物質により違うが，いくつかの物質について 1 気圧のもとでの数値を表 2.1 に示す．

表 2.1 物質の融解熱と気化熱

物質	融解熱 $(\mathrm{cal \cdot g^{-1}})$	融点 (°C)	気化熱 $(\mathrm{cal \cdot g^{-1}})$	沸点 (°C)
アンモニア	84	-77.7	326.4	-33.5
水　銀	2.7	-38.9	70.6	356.7
二酸化炭素	43.2	-56.6	132.4	-78.5
ナフタレン	33.7	80.5	78.7	217.9
水	79.7	0	539.8	100

[例題 1] 図 2.2 で 10 g の氷を使ったとき，B から C にいたるまでに 5 分かかった．A から B，C から D にいたるまでの時間はそれぞれ何分か．

[解] B から C までバーナーの提供した熱量は 1000 cal で毎分当たり 200 cal となる．バーナーは一定の割合で熱を出すとしたので，A → B の所要時間は $(800/200)$ 分 $= 4$ 分，C → D では $(5390/200)$ 分 $= 26.95$ 分となる．

[補足] 熱と仕事 熱と仕事との関係を調べることは熱力学の重要な目的の 1 つである．熱量の単位は左ページで述べたようにカロリーである．一方，仕事は力学で定義され，ある力の方向にある距離だけ移動するとき，仕事は力の大きさと移動距離の積で与えられる．国際単位系での仕事の単位はジュールである．伝統的に熱量を Q，仕事を W で表す．カロリーの語源は熱を意味するラテン語の calor に由来する．ジュールというのはもともとは人名でイギリスの物理学者 (1818-1889) に基づいている．水の温度を 1 K だけ高めるに必要な熱量は水の温度自身に依存していて，正確には 14.5 °C の水の温度を 1 K だけ高めるときの熱量が 1 カロリーであるとされている．カロリーの定義にはこの他いろいろなものがあり，現在の国際単位系では推奨しがたい単位とされている．熱と仕事との関係は第 3 章で詳しく学ぶ．

2.2 熱容量と比熱

熱容量 ある物体の温度を 1 K だけ上げるのに必要な熱量をその物体の熱容量(ねつようりょう)という．一様な物体の熱容量はその物体の質量に比例する．例えば，一様な物体 200 g の熱容量は同じ一様な物体 100 g の 2 倍である．熱容量の単位は cal·K^{-1} と表される．

比熱 1 g の物質の熱容量をその物質の比熱(ひねつ)という．すなわち，ある物質 1 g の温度を 1 K だけ上げるのに必要な熱量がその物質の比熱である．比熱は物質の種類によって決まる定数で，密度とか電気抵抗率などと同様に，物質の性質を記述する重要な物理量である．比熱は一般に温度により異なるが，ここでは比熱の温度依存性はないと仮定する．cal 単位では比熱の単位は cal·g^{-1}·K^{-1} である．その結果，比熱 c cal·g^{-1}·K^{-1} の物質を考えたとき，質量 m g の物体の温度を t K だけ上げるのに必要な熱量 Q cal は次式で与えられる．

$$Q = mct \tag{2.1}$$

同じ物体の温度が t K だけ下がるとき，失われる熱量も (2.1) のように書ける．J 単位を使い比熱が c J·g^{-1}·K^{-1} であれば (2.1) の Q は J で表される．

いろいろな物質の比熱 固体，液体，気体状態におけるいくつかの物質の cal 単位における比熱を表 **2.2** に示す．固体，液体における物質の比熱中では水の比熱はもっとも大きい．気体の中には，水素のように 1 cal·g^{-1}·K^{-1} より大きな比熱をもつものもあるが，大部分はこれより小さい．

水の比熱が大きな値をもつ点は，気象の面で重要な意味をもつ．比熱が大きいという性質は暖まりにくく，冷めにくいということである．このため海岸地方のように水に恵まれている所では，気候は温暖で 1 日の間の気温変化も比較的小さい．それに相当して気候も海洋性気候となる．これに反して，砂漠地方では岩石や砂の比熱が小さいため，暖まりやすく，冷めやすくなる．そのため，日中は大変暑いが夜間は冷え，寒暖の差は激しくなって気候は内陸性気候を示す．

温度上昇の条件 物質 1 g の温度を 1 K だけ上げるのに必要な熱量がその物質の比熱であるが，比熱の具体的な値は温度上昇の条件によって異なる．物質の状態が固体・液体の場合には，比熱の値は温度上昇の条件にあまり依存しない．しかし，物質が気体だと圧力一定にするか，体積一定にするかで比熱の値が違う．気体の場合には熱膨張が起こりやすく，前者では加えた熱の一部分はこの熱膨張に使われるため前者の比熱は後者の比熱より大きい．

2.2 熱容量と比熱

表 2.2 いろいろな物質の比熱

	物 質	温度 (K)	比熱 (cal·g^{-1}·K^{-1})
固体	金	293	0.030
	鉄	293	0.153
	銅	273	0.091
	鉛	273	0.030
	ガラス	室温	0.12 〜 0.19
	コンクリート	室温	約 0.20
液体	エチルアルコール	273	0.547
	ひまし油	293	0.51
	水	273	1.0075
気体	空気	293	0.240
	酸素	289	0.220
	水素	273	3.390

[補足] **定圧比熱と定積比熱** 左ページで述べたように，気体のときには一定圧力下での比熱 (**定圧比熱**) と一定体積下での比熱 (**定積比熱**) とは異なる．表 2.2 中の数値は定圧比熱を表す．

[例題 2] 50 g の銅の温度が 3 K だけ下がった．失われた熱量は何 cal か．

[解] (2.1) と表 2.2 中の銅の比熱の数値により失われた熱量は
$$Q = 50 \times 0.091 \times 3 \text{ cal} = 13.7 \text{ cal}$$
と計算される．

[参考] **熱量保存則** 外部との間に熱の出入りがないようにして，高温物体と低温物体とを互いに接触させたり，または混合させたりするとき

(高温物体の失った熱量) = (低温物体の受けとった熱量)

の関係が成り立つ．これを**熱量保存則**という．

[補足] **比熱の測定** 質量 m g，温度 t K の水の中に，質量 M g，温度 T K の物体を入れ放置しておくと，しばらくして両者は熱平衡の状態に達するが，このときの温度を T' とする．$t < T' < T$ とし，外部との間に熱の出入りがないとすれば物体の失った熱量は $Mc(T - T')$，また水の受けとった熱量は $m(T' - t)$ である．熱量保存則により $Mc(T - T') = m(T' - t)$ が成り立ち，c は次のように表される．

$$c = \frac{m(T' - t)}{M(T - T')} \text{ cal·g}^{-1}\text{·K}^{-1} \tag{1}$$

(1) の関係を利用して比熱が測定される．演習問題 3 で実例を示す．

風呂の温度調整　熱量保存則は無意識のうちに実生活に応用される．熱い風呂を適温にするためには水でうめればよい．風呂の湯の放出する熱量と水の受けとった熱量が等しくなるために風呂全体は温度が下がる．温度が下がり過ぎたときには風呂をふたたび沸かすか，熱い湯を注げばよい．

比熱の温度依存性がある場合　(2.1) (p.18) を導く際，比熱 c は温度と無関係であるとした．あるいは体系の熱容量 mc を縦軸にとりこれを温度の関数としてプロットすると図 **2.3** のように表される．(2.1) の Q は図の斜線部分の面積に等しい．実際には，c は $T \to 0$ の極限で 0 となることが証明されるので，図 **2.3** に相当する線は図 **2.4** のような曲線となる．このように比熱が温度に依存するときには (2.1) は次のように考えられる．ある温度に注目し，その体系の温度を ΔT だけ上げるのに必要な熱量 ΔQ は，図 **2.3** の状況を一般化し，図 **2.4** の斜線部の面積に等しくなる．ΔT が 0 の極限でこの部分は長方形とみなされ

$$mc = \lim_{\Delta T \to 0} \frac{\Delta Q}{\Delta T} \tag{2.2}$$

の関係が成り立つ．

モル比熱　(2.2) の左辺 mc は体系の熱容量である．特に 1 モルの場合の熱容量を**モル比熱**という．すなわち，1 モルの物体の温度を 1 K だけ高めるのに必要な熱量がモル比熱である．1 モルの元素中の原子数，1 モルの化合物の分子数は，物質の種類とは無関係で**モル分子数**で与えられ，その数値は

$$N_{\mathrm{A}} = 6.02 \times 10^{23} \text{ mol}^{-1} \tag{2.3}$$

である．N_A の添字 A はイタリアの物理学者アボガドロ（1776-1856）にちなんだもので N_A を**アボガドロ定数**ということもある．また，1 モルの物質の熱容量がモル比熱である．モル比熱は (2.2) で元素，化合物の場合に m をそれぞれ原子量，分子量にしたものに等しい．4.3 節で示すように，モル比熱は比熱自身より重要な意味をもつことがある．

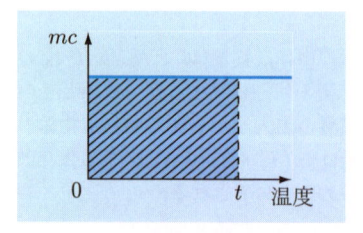

図 **2.3**　熱容量が一定の場合

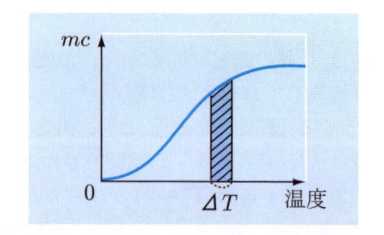

図 **2.4**　熱容量が温度に依存する場合

アインシュタイン模型とデバイ模型

　固体を構成する固体分子は，その固体に特有な整然とした結晶構造をもつ．これらの固体分子は格子点上にじっと静止しているのではなく，平衡点を中心としてたえず振動している（図 2.5）．これを**格子振動**という．固体の温度を上げると，振動が激しくなるが，(2.2) の Q はこのような振動の力学的エネルギーとしてよい．正確にはこの種のエネルギーを内部エネルギーという．これについては 4.1 節で学ぶ．実際には格子振動以外に固体中の電子も内部エネルギーに寄与するが，電子が問題になるのは数K程度という極低温なので通常の温度では電子の存在を無視してよい．

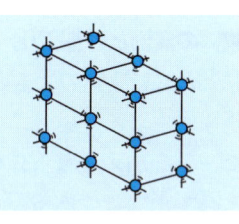

図 2.5 格子振動

　格子振動に対するもっとも簡単な模型は，各固体分子は互いに独立に同一の振動数で単振動すると考えることで，これを**アインシュタイン模型**という．20 世紀に入り，p.7 のコラム欄で述べたように極低温物理学が発展してきて，低温での比熱が観測された．古典論では比熱は温度に関係せず図 2.3 のようになるが，実際は図 2.4 のように比熱は $T \to 0$ で $c \to 0$ という結果が得られた．この矛盾を解決するため，アインシュタインは現在量子統計力学と呼ばれる方法を用いて，1907 年に比熱の式を導いた．これを**アインシュタインの比熱式**という．この式には 1 つのパラメーターが含まれ，それは温度に換算しアインシュタイン温度 (Θ_E) と呼ばれる．図 2.6 にアインシュタインの原論文から引用したダイアモンドに対する結果を示す．実線は比熱式，実験値の点は $\Theta_\mathrm{E} = 1320$ K とした場合である．なお，縦軸は $T \to \infty$ の極限での比熱の値を c_∞ としたとき c/c_∞ を表す．デバイはその後，アインシュタイン模型を拡張し，1912 年格子振動が音波の振動に対応するという模型を提案した．この模型を**デバイ模型**，これに基づく比熱の式を**デバイの比熱式**という．アインシュタイン模型に対応してデバイ模型には**デバイ温度** (Θ_D) というパラメーターを含む．図 2.7 は $\Theta_\mathrm{D} = 396$ K としたアルミニウムに対する結果を示す．

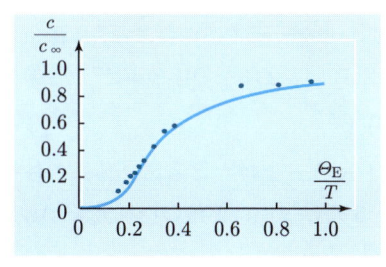

図 2.6　アインシュタインの比熱式

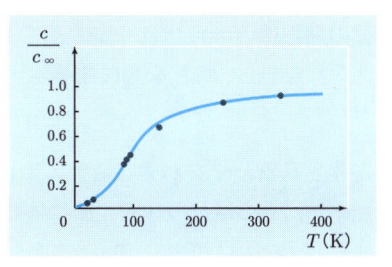

図 2.7　デバイの比熱式

2.3 熱の働き

物体の変形と状態変化　物体に熱が加わると，その物体の温度は上昇する．それとともに物体の大きさに変化が起こり，通常は物体の体積が増加し，**熱膨張**の現象が生じる．場合によっては，熱を加えると体積が減少することもある．また，熱を加えると液体から気体へといった状態変化が起こる．この場合，比熱は必ず正の量である．これは統計力学で証明されている．本節ではこのような熱の働きについて学ぶ．

固体の熱膨張　固体に熱を加えると熱膨張が起こるが，長さの熱膨張を**線膨張**，体積の熱膨張を**体膨張**という．場合によっては面積膨張を考えることもある．

線膨張率　棒状の固体を熱するとその長さが伸びるが，棒の伸びは棒の種類によって違う．この違いを表すのに**線膨張率（線膨張係数）**を用いる．$t\,°C$ のとき長さ l の棒を熱して $t'\,°C$ にしたとき，線膨張のため棒の長さは l' になったとする．この場合，長さの増加分 $l'-l$ は，l と温度差 $t'-t$ との積に比例する．この比例定数を α とすれば

$$l' - l = \alpha l(t' - t) \tag{2.4}$$

と書ける．この α が線膨張率である．温度，長さの増加分をそれぞれ Δt, Δl とすれば (2.4) は

$$\frac{\Delta l}{l} = \alpha \Delta t \tag{2.5}$$

となる．(2.5) からわかるように，温度が 1 K 上がったとき，長さの伸びの割合が α に等しい．ふつう α は $10^{-5}\,\mathrm{K^{-1}}$ の程度である．

液体の熱膨張　液体は一定の形をもたないので，液体の場合には，体膨張しか考えられない．この場合の**体膨張率** β は (2.4) の l を体系の体積 V で置き換えた

$$V' - V = \beta V(t' - t) \tag{2.6}$$

と定義される．すなわち，液体の温度を 1 K だけ上げたときに，体系の体積の増加率が，その液体の体膨張率に等しい．または温度，体積の増加分を Δt, ΔV とすれば (2.5) に相当し (2.6) は次のように書ける．

$$\frac{\Delta V}{V} = \beta \Delta t \tag{2.7}$$

水の熱膨張　普通，液体の温度を上げるとその体積は膨張する．しかし，水は特別な物質で図 **2.8** に示すように，0 °C から 4 °C までは温度を上げると体積は小さくなる．4 °C 以上は通常の液体のように振る舞う．

2.3 熱の働き

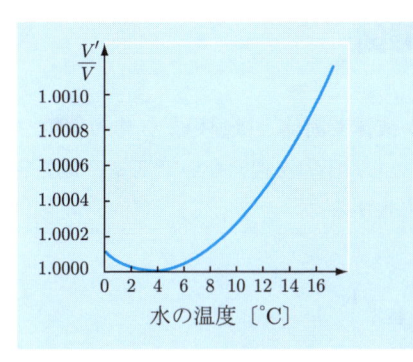

一定量の水の4℃における体積をV，温度t℃での体積をV'としたときV'/Vを温度の関数として表してある．

図 **2.8** 水の熱膨張

例題 3 長さ 20 m の鉄でできた棒の温度を 40 K だけ上げたとき，長さの伸びはいくらか．ただし，鉄の線膨張率は $\alpha = 1.2 \times 10^{-5}$ K^{-1} である．

解 長さの伸び Δl は次のように計算される．

$$\Delta l = 1.2 \times 10^{-5} \times 20 \times 40 \text{ m} = 9.6 \times 10^{-3} \text{ m} = 9.6 \text{ mm}$$

補足 レールの継ぎ目　冬と夏の温度差は上の例題のように 40 K 程度であるから，鉄道のレールでは 1 cm ほどの長さの変化が起こる．そのため，レールの継ぎ目には適当な間隔をあけておく．

参考 線膨張，面膨張，体膨張　線膨張，面膨張，体膨張は全く独立というわけでない．演習問題 5（p.30）で示すように，面積，体積の場合，膨張率はそれぞれ線膨張率のほぼ 2 倍，3 倍となる．

=== インバー ===

いまが何時であるかは時計を見ればわかる．時計のない昔の人は腹時計に頼っていた．生物にはそれ自身に適当な時計が備わっていて，これを生物時計とか体内時計という．時刻を正確に知りたい場合には，117 に電話すれば秒単位で時報を教えてくれる．エアコン，コンピュータ，その他の装置で時間をデジタルで表示する場合があり，このようなときにいまの時報は有効に使える．時間情報をのせてある標準電波を時計のケースやバンドに内蔵された超高性能なアンテナで受信し，時刻を秒単位で正確に表示するのが電波時計である．また，テレビの予約録画でもこのような標準電波を利用している．一般に，時計や精密な測定器具などでは，熱膨張の影響をなるべく小さくするため，線膨張率の小さな物質を用いることが望ましい．例えば鉄 64 %，ニッケル 36 % のニッケル鋼鉄の線膨張率は 20 ℃ で $\alpha = 0.13 \times 10^{-6}$ K^{-1} と表され，通常の鉄のほぼ 1/100 程度である．この合金は別名インバーと呼ばれていて，さびにくいという性質をもつ．インバーは英語の invariable を略したもので，日本語では不変鋼，フランス語ではアンバーと呼ばれる．

2.4 気体の熱膨張と状態図

気体の熱膨張　気体の体膨張率は，液体や固体とは違い，気体の種類や温度によらず，ほぼ一定の値をもつ．すなわち，圧力を変えないで気体の温度を 1 K 上げると，体積は 1/273 の割合で熱膨張する．したがって，気体の体膨張率は，その種類によらず

$$\beta = \frac{1}{273} \text{ K}^{-1} \tag{2.8}$$

と表される．

シャルルの法則　(2.8) からわかるように，一定量の気体が 0 °C のとき占める体積を V_0 とすれば，一定圧力では t °C における体積は

$$V = V_0 \left(1 + \frac{t}{273}\right) \tag{2.9}$$

と書ける．V と t との関係は図 2.9 に示すようになる．絶対温度を使い，$T = 273 + t$, $T_0 = 273$ K とすれば (2.9) は

$$V = \frac{V_0}{T_0} T \tag{2.10}$$

となる．すなわち，一定圧力では，一定量の気体の体積は絶対温度に比例する．これを**シャルルの法則**という．(2.9) から $t = -273$ °C のとき $V = 0$ となる．この温度は気体にとって可能な最低の温度でそれが絶対零度である．

圧力　これまで説明なしに，圧力という用語を使ってきたが，ここでその正確な定義について述べる．図 2.10 のように，一定量の気体をシリンダー中に密閉し，ピストンを F の力で押したとする．ピストンの断面積を S としたとき

$$p = \frac{F}{S} \tag{2.11}$$

で定義される p を**圧力**という．p は単位面積当たりの力である．

圧力の単位　国際単位系での圧力の単位は N·m^{-2} と書けるが，これを**パスカル** (Pa) と呼ぶ．すなわち

$$1 \text{ Pa} = 1 \text{ N·m}^{-2} \tag{2.12}$$

が成り立つ．圧力の単位として**気圧** (atm) がよく使われるが，1 atm をパスカルで表すと

$$1 \text{ atm} = 101325 \text{ Pa} \tag{2.13}$$

となる（例題 4）．

2.4 気体の熱膨張と状態図

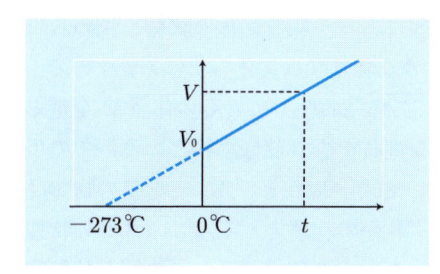

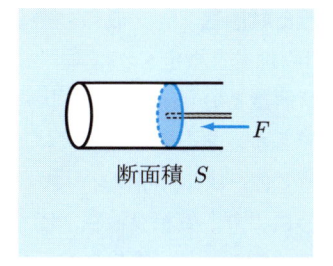

図 2.9　気体の熱膨張

図 2.10　圧力

例題 4　1 気圧とは水銀柱 760 mm が底面に示す圧力で，これは大気圧の単位として使われている．水銀の密度を $\rho = 13.6 \text{ g·cm}^{-3}$，重力加速度を $g = 9.81 \text{ N·kg}^{-1}$ として 1 気圧は何 Pa に等しいか概算せよ．

解　水銀の密度は $\rho = 13.6 \text{ g·cm}^{-3} = 13.6 \times 10^3 \text{ kg·m}^{-3}$ で底面積 1 m^2，高さ 0.76 m の直方体状の水銀の質量は $13.6 \times 10^3 \times 0.76 \text{ kg} = 10336 \text{ kg}$ である．これに働く全重力は

$$10336 \text{ kg} \times 9.81 \text{ N·kg}^{-1} = 1.014 \times 10^5 \text{ N}$$

となり，$1 \text{ atm} = 1.014 \times 10^5 \text{ N·m}^{-2} = 1.014 \times 10^5 \text{ Pa}$ が得られる．

参考　**1 気圧の値**　(2.13) で与えられる 1 気圧の値は 1 気圧の定義であると考えてよい．

補足　**ヘクトパスカル**　現在，大気圧を表す単位として**ヘクトパスカル** (hPa) が使われている．この単位は気象予報と関係しているので身近な存在であろう．ヘクトは 100 を意味し，$1 \text{ hPa} = 100 \text{ Pa}$ の関係が成り立つ．したがって，(2.13) から

$$1 \text{ atm} = 1013.25 \text{ hPa}$$

であることがわかる．大ざっぱにいって，1 atm は 1000 hPa に等しいと考えてよい．

参考　**パスカルの原理**　気体や液体は流れやすいという性質をもつので両者を**流体**と呼ぶ．静止流体中の一部分に力を加え，その部分を圧縮すると，そこで生じた圧力の増加は液体の各部に一様に伝わる．これを**パスカルの原理**という．パスカル (1623-1662) はフランスの科学者・哲学者で圧力の単位パスカルは彼の名に由来する．パスカルの原理は小さな力で大きな力を発生する水圧器に利用されている．圧力と区別するため，圧力に面積を掛けたものを**全圧力**という．全圧力は力の次元をもつ．自動車は案外がさばるものである．自動車も廃車になれば無用の長物である．この廃車を小さくするときに活躍するのが水圧機である．ビルを建設するときに使われるクレーンなどにも水圧機が利用される．実際には水でなく油が使われる．水ではなく油を使う場合には油圧機という言葉が使用される．

状態量と状態図　　一般に，熱平衡状態にある一様な物体の状態を決めるには2つの物理量を指定すればよい．このような物理量は物体の状態を表すので，それを**状態量**という．例えば，状態量として体系の圧力 p とその体積 V を選ぶことができる．熱力学の分野では，一様な性質をもつ部分を**相**という．この用語に従い気体，液体，固体をそれぞれ気相，液相，固相と呼ぶ．一定量の物体は p, T の値により，気相，液相，固相のいずれかの状態をとる．この3つの状態を**物質の三態**という．横軸に T，縦軸に p をとってこの様子を示す図を**状態図**または**相図**という．状態図は物質の種類が違えばその様子は違ってくるが，大略図 2.11 のように表される．これは後の (2.14) の場合に対応する．

三重点　　状態図で気相，液相，固相の3つが共存する点を**三重点**という．すなわち，気相−液相，液相−固相，固相−気相の共存曲線の交点が三重点である．三重点は一種の物質定数であり，右ページの補足に示すように温度の定点として使われる．

状態図における各種の曲線　　状態図の原点 O は $T = p = 0$ の点を表す．原点 O から三重点に至る曲線は固相と気相の共存を示す曲線でこれを**昇華曲線**という．一般に，固体から気体に変わる現象，あるいはその逆に気体から固体になる現象を**昇華**という．三重点から臨界点までの曲線は，気相−液相の共存曲線で，この曲線上の p の値がその温度 T における**飽和蒸気圧**である．逆に，p を与えたとき，この曲線上の T の値は液体が気体に変わる温度，すなわち**沸点**を与える．三重点から上方に延びている曲線は液相−固相の共存曲線で**融解曲線**とも呼ばれる．p を与えたとき，この曲線上の T は固体が液体に変わる温度 (**融点**) を表す．

融解曲線の振る舞い　　多くの物質では固体が解けて液体になるとき，すなわち融解に伴って体積が増加する．しかし，氷，ビスマス，アンチモン，鋳鉄などでは，逆に融解すると体積が減少する．氷の場合には約 9 % も体積が減る．このため，融解曲線には次のような 2 種類が現れる．

　融解して体積増加を示す物質では，圧力を加えると融点は上昇する．(2.14)

　融解して体積減少を示す物質では，圧力を加えると融点は降下する．(2.15)

　図 2.11 は (2.14) の場合を記述するが，(2.15) は図 2.12 のように表される．氷の融点を特に**氷点**という．水は図 2.12 となるが，(2.15) を**氷点降下**と呼ぶ．アイススケートでは氷点効果のため氷が解けて滑りやすくなる．

2.4 気体の熱膨張と状態図

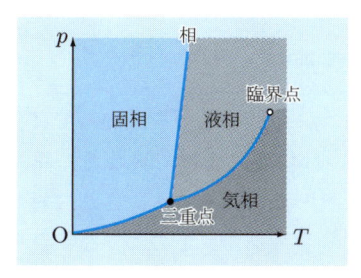

図 2.11 状態図 [(2.14) の場合]

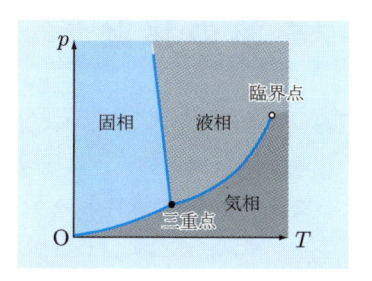

図 2.12 状態図 [(2.15) の場合]

補足 **気相–液相の共存** 容器中の一部に液体を入れ，図 2.13 のようにピストンでふたをし，一定圧力 p を加えるとする．また，体系全体を一定温度 T に保つ．このような状況下で，液体表面からの蒸発によって，液面より上方の空間には気化した分子の数が時間とともに増加する．しかし，無限に増加するのではなく，逆に液面に飛び込んで液化する分子の数も増え，気化する分子数と液化する分子数とがバランスのとれたところで平衡状態に達する．状態図における気相–液相の間の境界線はこのような平衡状態を記述する．上の境界線は三重点から臨界点まで続く．臨界点については改めて 3.4 節で述べる．

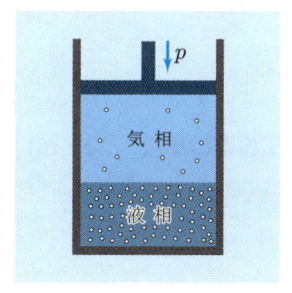

図 2.13 気相－液相の共存

参考 **温度の定点** 物質の凝固点は一定圧力の下で決まった温度を示し，また三重点は一種の物質定数で，これらは温度の定点となり得る．水の場合，三重点は

$$T = 273.16 \text{ K}, \quad p = 611 \text{ Pa}$$

で与えられ，これは温度の定点として利用されている．ちなみに，Pa は (2.12) で述べた圧力の国際単位である．国際温度目盛りの基準として上記以外の温度の定点が決まっている．そのうちのいくつかを表 2.3 に示す．ここで，凝固とは p.17 の参考で述べたように融解の逆の現象で液体を冷やしたとき，液体が固体になることを意味する．表 2.3 でガリウム，金の凝固点は 1 気圧における値である．

表 2.3 温度の定点

酸素の三重点	54.3584 K
ガリウムの凝固点	302.9146 K
金の凝固点	1337.33 K

参考 **クラウジウス-クラペイロンの式** (2.14), (2.15) を導くにはクラウジウス-クラペイロンの式が必要である．この式の導出は本書の範囲をこえるので詳細は省略する．興味のある読者は，例えば，小出昭一郎著「物理学」裳華房 (1997)，p.207 を参照せよ．

2.5 熱の移動

熱伝導　熱が高温の部分から低温の部分へ，中間のものを伝わって移動していく現象を**熱伝導**という．熱伝導の度合いは物質によって異なる．熱をよく伝える物質を熱の**良導体**という．金属は熱の良導体である．これに対し，木材，ゴム，空気，水などは熱を伝えにくい物質である．このような物質を熱の**不良導体**という．長さ L，断面積 S の棒の一端を高温に保ちその温度を T_1 とする（図 2.14）．また，棒の他端を低温に保ちその温度を T_2 とする．熱は高温部分から低温部分へ移動するが，単位時間当たりに移動する熱量 Q は

$$Q = kS\frac{T_1 - T_2}{L} \tag{2.16}$$

と表される．上式の比例定数 k を**熱伝導率**という．

熱伝導率の単位　(2.16) で左辺は単位時間当たりの熱量であるから，その単位は $\mathrm{cal \cdot s^{-1}}$ である．このため k の単位を $[k]$ と書けば，(2.16) の両辺を比較し

$$[k] = \mathrm{cal \cdot s^{-1} \cdot m^{-1} \cdot K^{-1}} \tag{2.17}$$

と書ける．例えば，0 °C での銅の k は $k = 96.2\ \mathrm{cal \cdot s^{-1} \cdot m^{-1} \cdot K^{-1}}$ となる．一方，同温度の空気の k は $k = 0.575 \times 10^{-2}\ \mathrm{cal \cdot s^{-1} \cdot m^{-1} \cdot K^{-1}}$ で，前者は後者の約 1 万 7 千倍である．これは銅が熱の良導体，空気が熱の不良導体であることを示す．

対流　水の入っている容器の底の部分を加熱すると，その部分の水は熱膨張のため密度が減少し，冷たい水より軽くなって上昇していく（図 2.15）．その結果，まわりから冷たい水が流れ込み，この水が加熱されてまた上昇していく．このように，熱がものを伝わって移動するのではなく，暖まった流体（液体や気体）の流れによって熱の移動する現象を**対流**という．電気ポットとか風呂の水が沸くのは対流による．

放射　人がストーブで暖まっているとき，人とストーブとの間に板などの障害物をおくと，暖かさが減少する．ストーブは空気の対流によって部屋全体を暖めているが，それと同時に直接ストーブから熱が移動してくる．このように，熱を伝えるものがなくても，直接に高温物体から低温物体へ熱が移動する現象を**放射**という．また，放射によって運ばれる熱を**放射熱**という．太陽の熱が地球に届くのは熱の放射による．

2.5 熱の移動

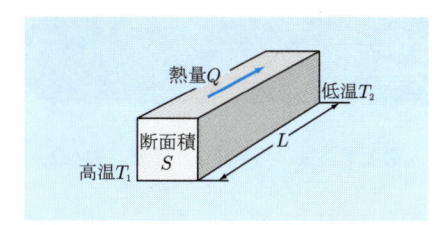

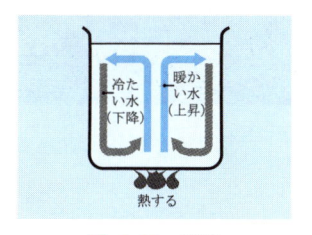

図 2.14 熱伝導率

図 2.15 対流

例題 5 断面積 5 mm², 長さ 2 m の銅線の両端で 8 K の温度差があるとき, 熱伝導のため移動する熱量は毎秒当たり何 cal か. また, 3 分の間に移動する熱量を求めよ. ただし, 銅の熱伝導率は 96.2 cal·s^{-1}·m^{-1}·K^{-1} とする.

解 1 mm = 10^{-3} m ∴ 1 mm² = 10^{-6} m² であるから, MKS 単位で表すと (2.16) で $S = 5 \times 10^{-6}$, $L = 2$ である. したがって, Q は毎秒当たり

$$Q = 96.2 \times 5 \times 10^{-6} \times \frac{8}{2} \text{ cal·s}^{-1} = 1.92 \times 10 \text{ cal·s}^{-1}$$

となる. また, 3 分間に移動する熱量は上式を 180 倍し

$$Q = 0.346 \text{ cal}$$

と計算される.

参考 **導体と絶縁体** 電気のよく流れる物質を**導体**, 電気を流さない物質を**絶縁体**と呼んでいる. 家庭配線の導線に銅が使われ, 配電盤に大理石が利用されるのはこのような物質の性質を応用した例といえよう. 熱でも大体, 電気に準拠して考えることができ大ざっぱにいって金属は熱の良導体であるが, 非金属は熱を通しにくい. 電気の性質は適当な電源を接続しないと理解できないが, 熱だと直観的な理解が可能である. すなわち, 金属でできたドアノブは手で触るとひんやりするが, 木製の家具は暖かみを感じる. これは金属が熱の良導体であるため熱を容易に奪うためである.

著者は 1961 年から 1966 年まで物性研に在籍した. 物性研から東大教養学部へ移って数年たった大学紛争はなやかなりし頃, 某出版社の肝入りで物性研の先生方と物性のやさしい本を出版する企画が持ち上がった. この話は拙著「新・演習 熱・統計力学」p.21 で紹介したが「ごみの中にピカリと光る光り物があればそれは金属である」といった調子である. 残念ながらこの本は日の目を見ることはなかったが, 私の担当した固体の熱伝導の話では電子はフェルミ速度 ($\sim 10^6$ m·s^{-1}) で走るが, 格子振動を量子化したフォノンは音速 ($\sim 10^4$ m·s^{-1}) で走るため, 前者は後者に比べ熱をよく運ぶとし両者をトラックに譬えたことを覚えている.

補足 **太陽光のエネルギー** 一般に, 太陽光のエネルギーは放射という形で地球に伝わる. そのエネルギーを利用するというのがソーラーシステムでソーラーカー, ソーラーハウスなどがその例である. 太陽光発電は環境を汚さないという利点もあり, 将来のエネルギー源として有望である.

演習問題 第2章

1. 10 g の氷をすべて水蒸気に変えるために必要な熱量は何 cal となるか. 次の①〜④のうちから正しいものを1つ選べ.
   ① 800 cal　② 1000 cal　③ 5390 cal　④ 7190 cal

2. 水の比熱はどのように表されるか. また, ポットに 20 ℃ の水を 1.5 kg 入れ, これを沸騰させるために必要な熱量は何 cal か.

3. 図 2.16 は熱量計の原理を示したものである. 熱量計は断熱壁からできているとし, この中の容器中に水を入れ水中に比熱を測定したい物体を挿入し温度変化を温度計で測定する. 熱量計はある質量の水と等価であるとし, これを熱量計の水当量という. 次の文章中の①〜④を埋めよ.

   熱量計に水 150 g を入れて, 20.0 ℃ に保ってある. この熱量計に 60.0 ℃ の湯 100 g を入れたら, 34.3 ℃ になった. さらにひき続き 100 ℃ に熱せられたアルミニウムの球を入れたら, 全体の温度は 38.8 ℃ になった. この熱量計の見かけ上の水当量は ① である. また, アルミニウムの比熱を c cal·g^{-1}·K^{-1} とすると, アルミニウムの球の失った熱量は ② であり, 熱量計・水などのもらった熱量は ③ である. したがって, アルミニウムの比熱は ④ となる.

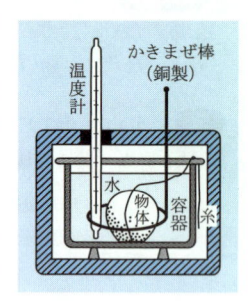

   図 2.16　熱量計

4. 金の室温における比熱を 0.030 cal·g^{-1}·K^{-1} とする. 10 g の金に 1 cal の熱量を与えたときその温度は何 K 上昇するか.

5. 面積, 体積の膨張率はそれぞれ線膨張率のほぼ 2 倍, 3 倍であることを示せ.

6. 図 2.2 (p.16) のように, 氷を熱しそれをすべて水蒸気にする状態変化は, 状態図ではどのように記述されるか.

7. ガラスのフラスコに氷と水の混合物を入れ, フラスコの内部は 0 ℃, 外側は 8 ℃ に保つとする. フラスコの壁の厚さは 3 mm, 熱を通す総面積は 500 cm^2 であるとし, 以下の設問に答えよ.
   (a) 外部から内部へ移動する熱量は, 単位時間にどれほどか.
   (b) 内部にある氷は, どれだけの速さで溶けていくか.

   ただし, ガラスの熱伝導率は 0.21 cal·s^{-1}·m^{-1}·K^{-1} であり, また氷の融解熱は 80 cal·g^{-1} である.

第3章

熱 と 仕 事

　熱と力学的な仕事は密接な関係をもっている．熱は仕事に変わるし，その逆の過程もある．仕事が熱に変わる身近な例は摩擦熱の発生である．熱を仕事に変えるような装置は熱機関と呼ばれる．本章では火の歴史を概観した後，一定量の熱量は一定量の仕事と等価で，その換算のレートは熱の仕事当量で表されることに注意する．一定量の一様な気体の状態は，圧力 p，体積 V，絶対温度 T で指定されるが，これらは互いに独立ではなく，3つの間にはある種の方程式（状態方程式）が成立する．また，理想気体の状態方程式について触れ，ボイル-シャルルの法則を論じる．

本章の内容

3.1　熱と仕事との関係
3.2　火 の 歴 史
3.3　熱の仕事当量
3.4　状態方程式

3.1 熱と仕事との関係

熱と仕事 物体に熱を加えると，その物体の温度が上がる．場合によっては，熱が力学的な仕事に変わることもある．また，物体を熱するかわりに，その物体を摩擦しても温度が上がり，熱を加えたのと同じ結果となる．これは物体に加えられた力学的な仕事が熱に変換されたためである．逆に，熱を力学的な仕事に変えるような装置を**熱機関**という．蒸気機関，ガソリン機関，ディーゼル機関，ロケットなどの熱機関は現代文明を支える重要な柱である．

熱から仕事への変換 図 3.1 のように，摩擦のないシリンダーの中に一定量の気体を封じこめて，この気体に熱を加えるとする．その結果，気体は熱膨張するので，ピストンは動き外部に対して力学的な仕事をする．シリンダーの断面積を S とし，気体は外圧 p とつり合いながら，ピストンが Δl の距離だけ移動したとする．圧力とは単位面積当たりの力であるから，ピストンに働く力の大きさ F は $F = pS$ と書ける．一方，仕事は力と移動距離の積で定義されるので，気体が熱膨張で外部にした仕事 ΔW は

$$\Delta W = F\Delta l = pS\Delta l = p\Delta V \tag{3.1}$$

と書ける．ただし，ΔV は体積の増加分を表す．

仕事から熱への変換 摩擦のある平面上で物体を動かすには，摩擦力に逆らって外から物体に力を加える必要がある．物体がある距離だけ動く間に，この力は仕事をする．その結果，物体と平面とが接触している部分の温度が上がり，熱が発生したことがわかる．このような熱を**摩擦熱**という．摩擦熱の発生は外から加えた力学的な仕事が熱に変換されたことを示す．暖をとるため手をこすり合わせることがある．これはもっとも簡単な摩擦熱の応用といえるだろう．

摩擦熱と熱学 力に関する学問を力学というように，熱に関する学問を熱学という．本書の主題である熱力学は熱学に含まれるが．近年，熱力学と統計力学を合わせ熱学というようになった．力学の基礎というべきニュートンのプリンキピアが出版されたのは 1687 年で力学は 300 年あまりの歴史をもっている．テコや滑車は力学の応用だが，応用という点からいえば熱学は力学より古い歴史をもっている．すなわち，原始人が木片の摩擦により火を作っていた古代から摩擦熱の発生はよく知られていた．18 世紀の終わり頃から仕事が熱に変わるという考えが発展してきて，熱の本性も明らかにされ，熱学の発展に大きく貢献したのである．これらの点については次節で述べる．

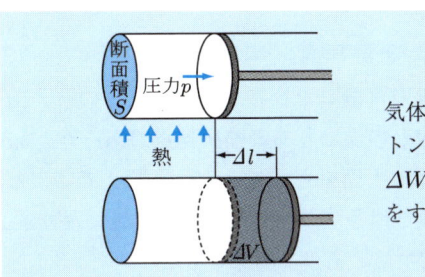

図 3.1 熱から仕事への変換

例題 1 1 atm のもと断面積 5×10^{-3} m^2 のピストンが熱膨張のため 0.05 m 移動するとして，以下の問に答えよ．
(a) 熱膨張の結果，ピストンが外部にした仕事は何 J か．
(b) 横軸に気体の体積 V，縦軸に気体の圧力 p をとる．気体の状態変化は Vp 面上でどのように表されるか．

解 (a) 国際単位系で表すと，(2.13) (p.24) により 1 atm $= 1.013 \times 10^5$ Pa と書ける．したがって，ΔW は次のように計算される．

$$\Delta W = 1.013 \times 10^5 \times 5 \times 10^{-3} \times 0.05 \text{ N} \cdot \text{m} = 25.3 \text{ J}$$

(b) 図 3.2 のように表される．

参考 **準静的過程** ピストン（断面積 S）を図 3.3 のように Δl だけ動かすとし，ピストンに働く外圧を $p^{(e)}$ とすれば，ピストンが気体に及ぼす外力は $p^{(e)}S$ である．気体の圧力 p と $p^{(e)}$ とが等しければ，ピストンに働く力はつり合いピストンは動かない．しかし，p が $p^{(e)}$ よりわずかに大きいと気体は膨張することになる．逆に $p^{(e)}$ が p よりわずかに大きいと気体は圧縮される．一般に，ほとんど平衡を保ちながら物体の状態が変化するとき，これを**準静的過程**という．ピストンを急に押したりすると気体の密度は場所によって変わり事情は複雑となる．このような事態を避けるため熱力学では準静的過程が利用される．

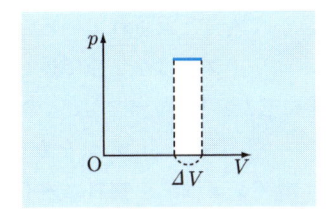

図 3.2 Vp 面上での状態変化   図 3.3 準静的過程

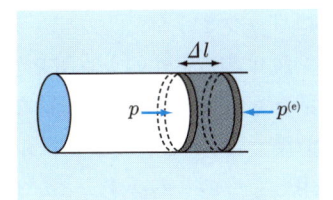

3.2 火の歴史

火の両面 火は私たちにとり有り触れた存在である．太古の昔，山火事の火を手に入れたのが多分人間と火との係わりあいの出発点であろう．p.37 のコラム欄で触れるように，火は功罪の両面をもっている．例題 2 では火と関係のある歴史的な事例を学ぶ．火は熱を伴うが，魚や肉を煮たり焼いたりするように，熱とか温度とかは，昔から日常生活と密接な関係をもっていた．3.1 節で述べたように，熱が学問的に詳しく研究されるようになったのは 18 世紀に入ってからである．熱に関する学問が熱学であるが，熱が蒸気機関やガソリンエンジンを動かすように熱は仕事をする潜在能力をもっている．仕事をし得る能力を一般に**エネルギー**という．熱はエネルギーの一形態とみなすことができる．

マッチとライター 現在，火を起こすのに，マッチ，ライター，ピエゾ電気などを使う．原始人は木片の摩擦熱を利用して火を作っていた．火起こしの道具は現在，各所の遺跡で発見されている．例えば，平安時代の人々は打ち石を利用し火花を発生させたのであろう．また，火薬の発見はマッチの発明へと導いた．現在簡単に入手できるいわゆる百円ライターは火打ち石の進化したものと考えられる．火薬はまた，鉄砲の発明をもたらしたが，現在の武器も多かれ少なかれ火と関係している．

燃焼の研究 物が燃えると火とか熱が発生する．このような燃焼を科学的に理解しようとしてフロギストンという仮想的な物質が導入された．フロギストン説によれば，金属の中にはフロギストンというものが含まれていて，熱した金属が金属灰になるのはフロギストンが金属から逃げ出したためである．いいかえると，金属とは金属灰にフロギストンが添加したものである．

カロリック説 フランスの化学者ラボアジェ（1743-1794）はフロギストン説を発展させ，熱は重さのない流体であり，どんな過程でも増減することはないという説を提唱した．すなわち，ラボアジェは火の物質というものを考え，それを**カロリック**と呼んだ．カロリックは日本語では熱素と訳されている．フロギストン説は熱の定性的な説明を与えたが，カロリック説は 2.2 節で述べた熱量保存則をもたらし，熱の定量的な議論を可能にした．通常，化学反応の場合，反応の前後で質量が保存し質量保存則が成り立つ．熱量保存則はこれをカロリックに適用したものとみなすことができよう．ラボアジェは熱を物質とみなす立場と物質の分子の微小振動と考える立場の両者があることを知っていた．現在では後者の立場が正しいとされている．

3.2 火の歴史

例題 2 次の (a) ～ (f) は火に関する歴史上の出来事を列記したものである．各項の簡単な説明を加え，これらを古い順に並べ替えよ．
(a) 本能寺の変で織田信長は家臣の明智光秀に打ちとられた．
(b) 阪神淡路大震災では多数の死傷者を出した．
(c) 第二次世界大戦の終戦間近，アメリカ空軍の B29 は東京を空襲し，10 万程度の犠牲者が生じた．
(d) 原始人は火を利用することにより，文明世界への第一歩をしるした．
(e) 明暦の大火では江戸城本丸をはじめ市街の大部分が焼き払われた．
(f) 諸葛孔明の作戦による赤壁の戦いの勝利で三国鼎立の基礎が作られた．

解 (a) 1582 年（天正 10 年）織田信長は豊臣秀吉を救援しようとして本能寺に宿泊したとき，先発させた明智光秀が反逆し信長を襲って本能寺は炎上した．

(b) 1995 年 1 月 17 日の兵庫県南部地震による災害は死者 6300 人，負傷者 4 万 3 千人という被害をもたらした．

(c) 1945 年 3 月 10 日アメリカ空軍の B29 爆撃機は東京への夜間焼夷弾爆撃を敢行し，死者約 10 万人，焼失家屋 27 万という災害を及ぼした（図 3.4）．東京は下町地区を中心に全都の約 40 ％，40 km^2 が焦土と化した

(d) 古過ぎて明確な記録はないが，人類の歴史とともに火の歴史が始まったと思ってよいであろう．

図 3.4 東京大空襲
（焼け野原になった日本橋と隅田川をはさんでの江東地域，「東京が燃えた日」，早乙女勝元，岩波ジュニア新書，1979）

(e) 1657 年正月 18～20 日，江戸城本丸や市街の大部分を焼き払った大火を明暦の大火という．本郷の本妙寺で振袖を焼いたところこれが空中に舞い上がったのが原因といわれ，このためこの大火は別名振袖火事と呼ばれている．

(f) 三国志とは中国で，後漢滅亡後，魏，呉，蜀の三国が鼎立した時代の歴史を表す．期間として 220 年魏の建国に始まり，280 年晋の統一までを指す．208 年の赤壁の戦いで孫権と劉備の連合軍は曹操の兵船や陣営を焼き払い，軍師諸葛孔明の思惑通り三国で中国を支配するという方式が完成した．なお，この時代の「魏志倭人傳」に邪馬台国とか卑弥呼というわが国の古代の状況が記録されている．

以上の記述からわかるように，古い順は (d), (f), (a), (e), (c), (b) となる．

ランフォードの業績　摩擦熱は，火の発生などにより古来からよく知られていたにもかかわらず，これが科学的事実として認識されるようになったのは18世紀の終わり頃からである．当時，ヨーロッパを渡り歩いていた，哲学者とも，技術者とも，あるいはペテン師ともつかぬ，ランフォード (1753-1814) というアメリカの物理学者がいた．ランフォードはもともとアメリカ出身の物理学者である．アメリカ独立戦争の際，英軍のスパイとして活動したが，身辺に危険が迫ると英国に脱出した．彼は，ミュンヘンの兵器工場で大砲の砲身をくりぬく作業を監督しているうちに，砲身も削り屑も高温に熱せられることに注目した．砲身が絶えず熱を発生していけば，ついには砲身中の熱物質がくみつくされてしまい，もはや熱を発生しないときがくるはずである．しかし，実際には作業を続ける限り，熱は限りなく発生し続けることがわかった．このように，無制限に熱が発生するには熱素が無限に存在すると考えざるを得ない．しかし，何かが無限に存在するということは大変おかしな話であると彼は結論した．

エネルギー論の発展　18世紀末から19世紀にかけ，現代風にいえばエネルギー変換を表す現象が次々とみつかった．電池の発明 (1800年) は化学エネルギーが電気エネルギーに変わる例であり，次いで発見された電気分解は逆に電気エネルギーが化学エネルギーに変わることを示していた．熱電気効果 (熱 → 電流)，ペルティエ効果 (電流 → 熱)，電磁誘導 (磁気 → 電流) といった現象は電流，熱，磁気の間で変換が起こり得ることを表していた．1847年，ドイツの物理学者ヘルムホルツは理論的な考察によりさまざまなエネルギー形態がすべて力学的な仕事と等価であることを論じ，エネルギー保存則は力学の原理に帰着されることを示そうとした．彼はこの年「力の保存について」を出版している．本の表題からもわかるように，現在ではエネルギーと呼ぶべきところをこの頃は力といい，そのため混乱もあった．エネルギーという語法が定まったのは1851年以降のことで熱力学の発展がこれに大きな寄与をしている．

力学的エネルギー　速度 v で運動している質量 m の物体の運動エネルギーを K，物体の高さを h，重力加速度を g，物体の重力の位置エネルギーを U とすれば

$$K = \frac{1}{2}mv^2, \quad U = mgh \tag{3.2}$$

が成り立つ．$E = K + U$ を**力学的エネルギー**といい，各種のエネルギーの中でもっとも基本的なものと考えられている．例えば，質量 60 kg の人が速さ $1 \text{ m} \cdot \text{s}^{-1}$ で歩いているとき，その運動エネルギーは $K = 30$ J と表される．

3.2 火の歴史

補足 ランフォード　1798年，ランフォードはカロリック説を決定的に否定し，力学的な仕事が熱に変わるという結論に達した．ランフォードはかなりいかがわしい人物であったにもかかわらず，熱の本質を明らかにしたという点でその名を科学史上にとどめている．ランフォードは1804年に50歳をちょっと越えたところでラボアジェ夫人と結婚した．この結婚は4年後に破局を迎えたが，彼は第一級の人物ではなかったとの説もある．

火の功罪

　原始人は，火の利用によって文明世界への第1歩を記した．人以外の動物は人を恐れるのに反し，人は火を恐れない．これは人が万物の霊長であるといわれる1つの理由であろう．猛獣から身を守るため，明かり，調理，保温，陶器の製作など火は文化をもち始めた人々に多大の恩恵を与えた．18世紀の半ば以降の実用的な蒸気機関の発明は産業革命をもたらし，ガソリン機関はそれに拍車を掛けた感がある．核エネルギーはしばしば「原子力の火」と呼ばれるように，火は現代文明のエネルギー源として不動の位置を占めている．1966年9月の東海村の原子力研究所で中性子の非弾性散乱の研究会が行われた．その宿舎の電灯にはこの電気は原子力の火で発電された旨のポスターが出ていた．この頃原子力による発電は微々たるものであったが，1973年のオイルショックを通じて需要が急速に伸び，現在では日本の総発電量の約3割が原子力に依存している状態である．

　火は神秘的な存在として宗教の分野で重要な役割を果たしてきた．一例として，仏教を考えてみよう．真言宗では護摩祈祷（ごまきとう）という行事が行われるが，護摩とは護摩壇を設け，護摩木を焚（た）いて息災・増益・敬愛などを本尊に祈ることである．この場合，火とかそれより発生する煙は特別な意味をもち，この煙に物品をあてると御利益（ごりやく）が生じると信じられている．仏前や霊前で香を焚いて仏や死者にたむける焼香という行為も同じように火の神秘性と関連している．毎年8月16日の夜，京都市周辺の山々では大の字の形にした篝火（かがりび）を焚く習慣があり，この火を大文字の火という．その起源は盆の送り火であるが，盆の初日と最終日に火を焚いて祖先の霊を迎えたり，送ったりするのは古くからわが国に伝わる風習である．2003年の8月13日から15日まで物性夏の学校の講師で京都に出張したが，あともう少し京都に滞在していれば大文字の火が見られるところであった．

　しかし，火はよいところだけをもっているのではなく時と場合により私たちの生命と財産を脅かす恐ろしい存在となる．昔から「火事と喧嘩は江戸の華」といわれるが，大火は途方もない災害をもたらし，歴史上のイベントである．ちょっと例を挙げても，明暦の大火，関東大震災，東京大空襲などがあり，犠牲者はどの場合でも大体10万の程度となる．

　火という同一のものがよいところ，わるいところを兼ね備え，火の功罪といってもよいであろう．このように同じものが矛盾した性質を示すことを哲学的に「矛盾的自己同一」という．原子力発電はその典型的な例であろう．これは二酸化炭素を出さず環境にやさしい発電方式であるが，反面，原子炉の暴走，廃棄物の処理などの危険をはらんでいるので，一方的によい方法であるとはいえない．量子力学の理解，ウイルスの存在など近代科学と矛盾的自己同一とは深い関係にある．

3.3 熱の仕事当量

熱の仕事当量の定義　熱は仕事に変わるし，逆に仕事は熱に変わる．このため，熱と仕事とはまったく別物ではなく，同じものを違った形で見ていると考えられる．したがって，ある一定量の熱量 Q はある一定量の仕事 W に対応し，逆にある W はある Q に相当する．両者の間には比例関係が成り立ち

$$W = JQ \tag{3.3}$$

と書ける．上式中の比例定数 J を**熱の仕事当量**という．熱の仕事当量は円とドルあるいは円とユーロの間の為替レートのようなもので，これらの為替レートは毎日変動するが J は一定不変な量である．

J の数値　熱 $\rightleftarrows$ 仕事 の変換に際して J の値は一定であることが知られていて，J は

$$J = 4.19 \text{ J}\cdot\text{cal}^{-1} \tag{3.4}$$

と表される．より正確には，現在，熱の仕事当量は

$$J = 4.18605 \text{ J}\cdot\text{cal}^{-1} \tag{3.5}$$

と決められている．(3.3), (3.4) からわかるように，(3.3) で $Q = 1$ とおけば，1 cal = 4.19 J となる．逆に 1 J = $(1/J)$ cal = $(1/4.19)$ cal = 0.24 cal と書ける．大ざっぱにいって，1 cal は 1 J のほぼ 4 倍であるとしてよい．

ジュールの実験　熱と仕事との関係を求めるため，イギリスの物理学者ジュール (1818-1889) は図 **3.5** に示すような装置を作った．すなわち，鉛のおもりが滑車の下にひもで吊り下げられていて，落下する際に箱中の羽根車に連結してある軸を回す．おもりの質量を m，その落下距離を h とすれば mgh だけの力学的な仕事が水に加わったと考えられる．おもりが落下するとそれに伴い羽根車が回転

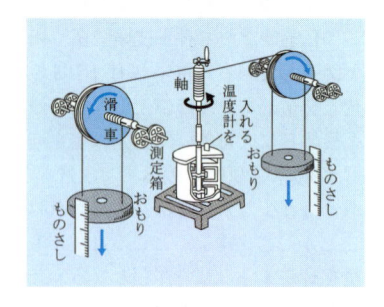

図 **3.5**　ジュールの実験装置

し，測定箱中の水がかき回され，水の運動が静かになるにつれて，その温度が上がる．このときの温度上昇と水の質量，器具の熱容量とから，おもりのした仕事と発生した熱量との関係がわかり，熱の仕事当量が求められる．ジュールはこのような実験を繰り返し実行し，例題 3 に示すように，(3.4) にきわめて近い測定値を得た．

3.3 熱の仕事当量

例題 3 ジュールは 1843〜47 年に図 3.5 のような装置を用いた実験結果から，水 1 ポンドを華氏 1 度だけ高めるのに必要な熱量は，772.55 ポンドの物体を 1 フィート上昇させるのに必要な仕事に等しいことを発見した．1 ポンド = 0.454 kg，1 フィート = 0.305 m，1 °F = (5/9) K の関係を使い J の値を求めよ．

解 重力加速度が $g = 9.81$ N·kg^{-1} であることに注意すると，物体を上げるのに必要な力学的な仕事 W は

$$W = 772.55 \times 0.454 \times 9.81 \times 0.305 \text{ J} = 1049 \text{ J}$$

で与えられる．また，必要な熱量 Q は

$$Q = 0.454 \times 10^3 \times \frac{5}{9} \text{ cal} = 252.2 \text{ cal}$$

となる．$W = JQ$ の関係から

$$J = 1049/252.2 \text{ J·cal}^{-1} = 4.16 \text{ J·cal}^{-1}$$

と計算される．

参考 マンチェスターのジュール　ジュールはイギリスの都市マンチェスターで熱と仕事の関係を研究し，1843〜47 年に J の測定に従事した．著者が放送大学の副学長を務めていた頃，1997 年にマンチェスターの科学博物館を訪問し偶然ジュールが実際に使った実験装置が展示されているのに気づいた．このとき撮ったジュールの肖像および実験装置の写真を図 3.6 と図 3.7 に示す．著者がアメリカに滞在中，1960 年，20 畳位の部屋に当時同じ東京工大の助手仲間だった森勉氏と下宿していた．森氏は東京工大を定年退職し，現在は同大学の名誉教授である．彼は定年後シアトルとマンチェスターで金属工学の研究を続けているが，いつかジュールの実験装置の話をしたら博物館は改装中でこの装置は見当たらないとのことであった．2003 年になり，この話が気になったのでちょうどマンチェスターに滞在中の彼に問い合わせたところ，現在ではジュールの実験装置は一般公開から引退したとのことであった．そういう意味では図 3.6 と図 3.7 は貴重な資料かもしれない．

図 3.6　ジュールの肖像　　図 3.7　ジュールの実験装置
（マンチェスター科学博物館の展示）

3.4 状態方程式

1相の物体　1相の物体を考える．すなわち，固相，液相，気相のどれかの相をとる一定量の物体があり，その物体は一様と仮定する．このような物体の状態量として圧力 p，体積 V，絶対温度 T を考えよう（簡単のため，絶対温度を単に温度という場合が多い）．実験の結果によると，これら3つの量は互いに独立ではなく，その内の2つを決めると，残りの1つは決まってしまう．すなわち，独立な変数は2個である．例えば図 2.11 や図 2.12 (p.27) で示した状態図では独立変数として T, p をとっている．また，独立変数として T, V を選ぶと，p はその関数として表される．この関数関係を

$$p = p(T, V) \tag{3.6}$$

と書くことにする．一般に，(3.6) のように状態量の間に成立する方程式は**状態方程式**と呼ばれる．

理想気体　気体は多数の気体分子から構成されるが，気体分子の間には一般にある種の力が働く．この力を**分子間力**という．分子間力を無視した理想的な気体を想定し，それを**理想気体**という．理想気体は一般の気体の状態を扱うときの出発点となる．気体の分子量を M，気体の質量を m とすれば，考える気体のモル数 n は

$$n = \frac{m}{M} \tag{3.7}$$

で定義される．後で示すように，気体運動論や統計力学によると，n モルの理想気体の状態方程式は

$$pV = nRT \tag{3.8}$$

で与えられる．上式で R は気体の種類に無関係な定数で，これを**気体定数**という．その数値は

$$R = 8.31 \, \text{J} \cdot \text{mol}^{-1} \cdot \text{K}^{-1} \tag{3.9}$$

と計算される（例題4）．cal 単位では $R = 1.98 \, \text{cal} \cdot \text{mol}^{-1} \cdot \text{K}^{-1}$ と書ける．

ボイルの法則とボイル-シャルルの法則　(3.8) で等温の場合には $T = $ 一定となり $pV = $ 一定 が得られる．これを**ボイルの法則**という．また，(3.8) で $p = $ 一定 だと**シャルルの法則**が導かれる．一般の場合には，一定量の理想気体に対して次の**ボイル-シャルルの法則**が成り立つ．

$$pV \propto T \tag{3.10}$$

3.4 状態方程式

例題 4 すべての気体 1 モルは標準状態（1 atm, 0 ℃）で 22.4 l の体積を占めることが知られている．この事実を利用して気体定数を計算せよ．

解 1 atm $= 1.013 \times 10^5$ Pa, 0 ℃ $= 273$ K, $n = 1$, $V = 22.4 \times 10^{-3}$ m^3 といった数値を (3.8) に代入すると，R は

$$R = \frac{1.013 \times 10^5 \times 22.4 \times 10^{-3}}{273} \text{ J} \cdot \text{mol}^{-1} \cdot \text{K}^{-1}$$
$$= 8.31 \text{ J} \cdot \text{mol}^{-1} \cdot \text{K}^{-1}$$

と計算される．あるいは cal 単位に換算すると

$$R = \frac{8.31}{4.19} \text{ cal} \cdot \text{mol}^{-1} \cdot \text{K}^{-1} = 1.98 \text{ cal} \cdot \text{mol}^{-1} \cdot \text{K}^{-1}$$

と表される．

例題 5 次の文中の □ 内にあてはまる数値を求めよ．

図 3.8 に示すように，等しい体積 V の 2 個の容器 A, B を細い管でつないだ装置がある．最初 27 ℃，1 気圧の空気を入れ，B の温度をそのままにして，A の温度を 87 ℃ にする．熱平衡に達した後，容器 A と B との中にある空気のモル数の比は (1) □ であり，容器 A の空気の圧力は (2) □ 気圧である．ただし，容器の熱膨張は考えないものとする．

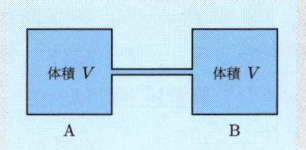

図 3.8 2 個の容器

解 A, B の温度がともに 27 ℃ ($= 300$ K) のとき，A, B 中の空気のモル数を n とすれば，圧力を気圧で表すことにし $V = 300nR$ である．A の温度を 87 ℃ ($= 360$ K)，B の温度を 27 ℃ ($= 300$ K) にしたとき熱平衡に達すれば圧力は共通となるのでこれを p 気圧とする．また，このときの A, B 中の空気のモル数を n_A, n_B とすれば，状態方程式は

$$pV = 360 n_A R, \quad pV = 300 n_B R$$

と書ける．また，管の体積を無視すれば，質量保存則から $2n = n_A + n_B$ となる．上式から $360 n_A = 300 n_B$ が得られ

$$\frac{n_A}{n_B} = \frac{300}{360} = \frac{5}{6}$$

となって，これが (1) の答である．また，$n = V/300R$, $n_A = pV/360R$, $n_B = pV/300R$ と書け，これを $2n = n_A + n_B$ に代入して (2) の答として

$$p = \frac{2/300}{1/360 + 1/300} = \frac{12}{11}$$

が求まる．

液体, 固体の状態方程式 　液体や固体は気体に比べ, 圧縮しにくい. 理想気体の等温圧縮率 κ_T は演習問題 6 で学ぶように $\kappa_T = 1/p$ と書け 1 気圧で $\kappa_T \simeq 10^{-5}$ Pa^{-1} となる. これに対し水では $\kappa_T \simeq 10^{-10}$ Pa^{-1}, 鉄では $\kappa_T \simeq 10^{-11}$ Pa^{-1} と表されるので, 大ざっぱにいって液体は気体の 10^5 倍, 固体は気体の 10^6 倍程度圧縮しにくいことがわかる. したがって, 液体, 固体の体積はほぼ一定であると考えてよい.

p と T, V の関係 　一定量の物体は状態量の値により, 気相, 液相, 固相のいずれかの状態をとる (物質の三態, p.26). 一般に圧力 p を温度 T, 体積 V の関数として図示したもの, すなわち (3.6) (p.40) の $p = p(T, V)$ を図 3.9 に示す. この図を V 軸の方向から眺め, 気相, 液相, 固相の別を表したのが 図 2.11, 図 2.12 (p.27) の状態図である. 図で 気＋液, 気＋固, 液＋固 と書いた領域はそれぞれの相が共存することを意味する.

等温線 　T の値を固定すると (3.6) は p と V との間の関数を与える. これは図 3.9 で $T = $ 一定 の平面と (3.6) を表す曲面との交線を記述する. 一定値の値を変えると, それに伴い多数の曲線が描かれる. これらの曲線は等温変化を表すので **等温線** と呼ばれる (図 3.10). 理想気体の場合, (3.8) で $T = $ 一定 とすれば, $pV = $ 一定 のボイルの法則となり, 等温線は双曲線となる. 一定量の気体をシリンダー中に封入し, ピストンで外部から圧力 p を及ぼすとする [図 3.3 (p.33), ただし, 準静的過程を想定し外部圧力と気体の圧力は同じとする]. 温度が十分高いと体系は理想気体として記述され, 圧力を大きくし体系の体積を小さくしても, 体系は気体のままである.

臨界点 　物質にはその物質固有の **臨界温度** T_c が存在し, $T > T_c$ だとどんなに気体を圧縮しても気体は液体にならない. 表 3.1 にいくつかの物質の T_c を示す. $T < T_c$ だと, 図 3.10 で点 P を通る等温線で, 点 P から気体を圧縮したとき状態が点 Q に達すると気体の一部が液体に変わる (凝縮). さらに, 圧縮を続けると圧力はほぼ一定のまま液体の部分が増加し, 点 R に達するとすべてが液体となる. 点 Q と点 R の間では気体と液体とが共存する (**2 相共存**). 気相－液相の共存領域の最上端の点を **臨界点** といい, 図 3.9, 3.10 では C の記号で表す. 点 R の状態をさらに圧縮すると R → S という経路をたどり点 S で一部は固体となり, 点 S, T の間で液相, 固相が共存する. 点 T ですべてが固体となる.

表 3.1 臨界温度

物質	臨界温度 (°C)
水	374.0
二酸化炭素	31.4
アンモニア	132.4
空気	−140.7
酸素	−118.4
水素	−239.9

3.4 状態方程式

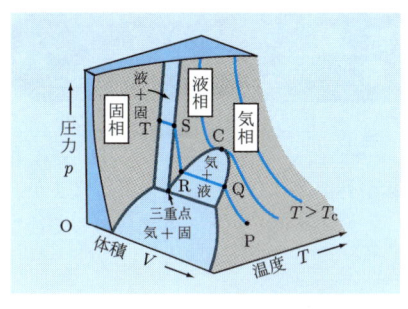

図 3.9 p と T, V の関係

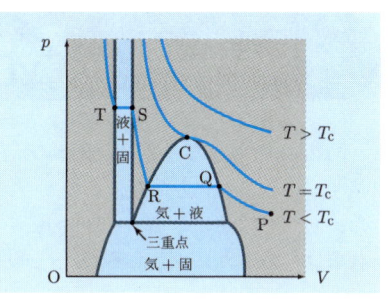

図 3.10 等温線

=== 臨界圧縮因子 ===

1 モルの物質の圧力を p，体積を V，（絶対）温度を T，気体定数を R とするとき

$$Z = \frac{pV}{RT}$$

と定義される Z をその物質の**圧縮因子**という．理想気体では $Z=1$ となる．図 3.11 のように臨界点を通る等温線を考え，臨界点における臨界圧力 p_c，臨界体積 V_c を導入する．V_c に対する理想気体の圧力を p_c^0 とすれば $p_c < p_c^0$ と書ける．$V \to \infty$ の極限で体系は理想気体として記述されるので，臨界点における圧縮因子（**臨界圧縮因子**）Z_c に対し $Z_c < 1$ の関係が成り立つ．

気体あるいは液体を記述する 1 つのモデルとして以下のような考え方がある．すなわち，体系を体積 v_0 の微小部分に等分し分割は十分細かいとして，各微小部分には分子がいないか，あるいは高々1 個の分子が存在すると仮定する．また，各微小部分を 1 つの格子点で代表させる．その結果，各格子点上に分子がいるか，いないかという状況が実現する（図 3.12）．このようなモデルを**格子気体**という．2 次元の格子気体の Z_c はさまざまな格子に対して厳密に求まり，例えば 2 次元正方格子では $Z_c = 0.09664\cdots$ と計算される．3 次元の格子気体では厳密解は求まらないが，数値的に $Z_c = 0.2257$ （単純立方格子），$Z_c = 0.2488$ （体心立方格子），$Z_c = 0.2584$ （面心立方格子）が得られている．実験的には演習問題 8 で学ぶように二酸化炭素では $Z_c = 0.280$ となる．

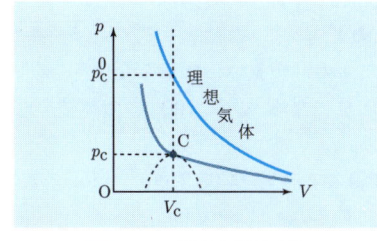

図 3.11 臨界圧縮因子

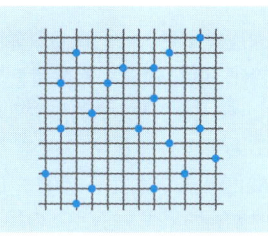

図 3.12 格子気体

演習問題 第3章

1 図3.13のように一定量の気体の状態をVp面上で A → B → C → D → A と一巡するように変化させた．このとき，気体が外部に対して行った仕事は何Jか．また，回り方を逆にし A → D → C → B → A と一巡したとき外部に対して行った仕事はどのように表されるか．

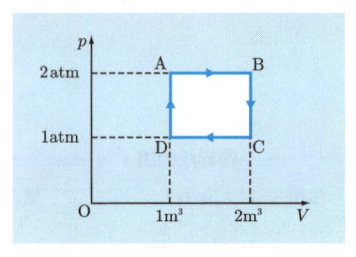

図 3.13 状態の変化

2 カロリック説という立場をとっても熱量保存則が成り立つと考えることができる．その理由を述べよ．

3 質量 60 kg の人が 1.5 m だけ真上にとび上がったとき，この人のする仕事は何 J か．それを熱量に換算すると何 cal になるか．また，それだけの熱量を 50 g の水に加えると，水の温度は何 K 上がるか．

4 時速 30 km で走行している質量 1 トンの 2 台のトラックが衝突し，すべての運動エネルギーが熱に変わったと仮定する．このとき発生する熱量は何 cal となるか．

5 5 g の窒素気体に関する次の問に答えよ．ただし，窒素の原子量を 14 とする．
 (a) この窒素気体のモル数を求めよ．
 (b) 30 ℃, 2 atm においてこの気体は何 m^3 の体積を占めるか．

6 等温という条件を保って，圧力 p, 体積 V をそれぞれ Δp, ΔV だけ変化させるとする．このとき
$$\kappa_T = -\frac{1}{V} \lim_{\Delta p \to 0} \frac{\Delta V}{\Delta p}$$
を**等温圧縮率**という．理想気体の κ_T を求めよ．

7 次の①，②に適合する数値を求めよ．1 モルの理想気体の体積を変化させないで，0 ℃ から 100 ℃ まで加熱すると圧力は ① 倍になる．次に 100 ℃ で体積を ② 倍にすると，圧力は 0 ℃ のときと同じになる．

8 二酸化炭素では $T_c = 304.3$ K, $p_c = 73.0$ atm, $V_c = 95.7$ cm$^3 \cdot$ mol^{-1} というデータが得られている．この場合の Z_c を求めよ．

第4章

熱力学第一法則

　熱力学の立場では，物体にはエネルギーが蓄えられているとし，これを内部エネルギーという．内部エネルギーの例として食品に含まれる化学エネルギーをとり上げる．考慮中の体系に力学的な仕事と熱量とが同時に加わると，その総計分だけ，内部エネルギーが増加する．この一種のエネルギー保存則を熱力学第一法則という．すなわち，エネルギーとして熱と力学的な仕事を考慮したときのエネルギー保存則が熱力学第一法則である．この法則の応用例として，理想気体の比熱，断熱変化などを考察する．また，熱機関の原理を論じその理想型であるカルノーサイクルについて学ぶ．

本章の内容
4.1　内部エネルギー
4.2　熱力学第一法則
4.3　理想気体の性質
4.4　断熱変化
4.5　熱機関
4.6　カルノーサイクル

4.1 内部エネルギー

状態変化の原因　熱力学で扱う体系の状態を変化させる原因として次の3つの作用がある.
① **力学的作用**　体系を圧縮または膨張させ,体系に仕事を加えたり,あるいはその体系に仕事をさせること.
② **熱的作用**　体系に熱を加えたり,逆に体系から熱を奪うこと.
③ **質量的作用**　物質を添加したり,物質をとり去ったりすること.

質量的作用はとくに化学反応などを扱うとき重要であるが,議論が高度になるので,本書では詳しい話には立ち入らず,主として前者の2つの作用について考えていく.

分子運動と内部エネルギー　容器に密封された気体は,巨視的には静止していても,微視的な立場から見ると莫大な数の分子から構成されている. 1モルの気体中に含まれる気体分子の数は,気体の種類とは無関係な一定値をもち,これは (2.3) (p.20) で触れたようにモル分子数と呼ばれ,その数値 N_A は

$$N_A = 6.02 \times 10^{23} \text{ mol}^{-1} \tag{4.1}$$

で与えられる. 程度として,1モル中の分子数は1億の1億倍のそのまた1億倍という膨大な数である. これらの分子は容器の内部で縦横無尽に運動しているが,このような運動を**分子運動**という. 分子運動の概念図を図 4.1 に示す. 分子運動に伴い,気体はある種のエネルギーをもつと考えられる. 一般に,物体の内部に蓄えられているエネルギーを**内部エネルギー**という. 熱力学の立場では,内部エネルギー U は状態量で,体系の体積 V,温度 T の関数である. ただし,ここでは U の関数型は実験で決められるとするが,その具体的な計算を行うに統計力学の知識が必要である.

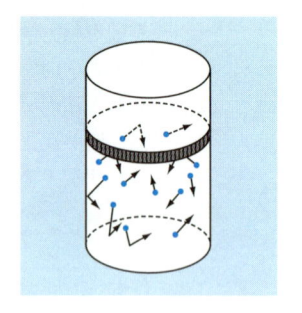

図 4.1 分子運動の概念図

食品の化学エネルギー　食品は水分,タンパク質,炭水化物,脂肪,鉄やナトリウムなどの無機物,各種のビタミンなどから構成される. このうちタンパク質,炭水化物,脂肪は**化学エネルギー**をもち,これらが生物を熱力学的な対象とみなした場合の内部エネルギーとなる. タンパク質,炭水化物は1g当たり約 4 kcal,脂肪は1g当たり約 9 kcal の内部エネルギーをもつ.

4.1 内部エネルギー

例題 1 1相の物体を考え，その物体は一様とする．物体の内部エネルギー U は温度 T, 体積 V の関数と書けるが，これを $U = U(T, V)$ と表したとする．T, V を微小変化させ，これらを $T + \Delta T, V + \Delta V$ とする．これに伴う U の変化分を ΔU とするとき，$\Delta T, \Delta V$ が十分小さいと

$$\Delta U = A \Delta T + B \Delta V \tag{1}$$

であると期待される．A, B はどのように表されるか．

解 $V = $ 一定 とすれば，(1) で $\Delta V = 0$ とおける．$\Delta T \to 0$ の極限で (1) の高次の項は無視できるので

$$A = \lim_{\Delta T \to 0} \frac{\Delta U}{\Delta T} \quad (V = 一定) \tag{2}$$

となる．同様にして次式が得られる．

$$B = \lim_{\Delta V \to 0} \frac{\Delta U}{\Delta V} \quad (T = 一定) \tag{3}$$

補足 偏微分 (2), (3) をそれぞれ

$$A = \left(\frac{\partial U}{\partial T}\right)_V, \quad B = \left(\frac{\partial U}{\partial V}\right)_T$$

と書き，これらを**偏微分**という．熱力学では一定とする変数を括弧の添字として表すことが慣習となっている．また変数が1つだけの場合には ∂ と代わりに d という記号を用い，これを単に**微分**とか**常微分**という．本書では原則として微分積分の予備知識を前提としないが，多変数，1変数のときに ∂, d の記号を使うとすればよい．

参考 気体の分子運動 図 4.1 のような円筒形の容器を考え，容器にぴったり合うような蓋をしたとし，その内部に一定量の気体を封じこめたとする．ただし，蓋と容器との間には摩擦は働かないとする．この気体が巨視的には静止していても，気体を構成する各分子は，微視的には容器内で運動している．このため，気体分子は運動エネルギーをもつ．また，分子間に力が働くと位置エネルギーももち，一般的には，分子の全運動エネルギーと全位置エネルギーとの和が，分子全体の力学的エネルギーである．このように物体の内部に潜んでいるエネルギーが内部エネルギーである．気体分子が容器の壁にぶつかり跳ね返される度に，壁にある種の力積を及ぼす．気体の示す圧力はこのような力積に起因する．気体の圧力を p，図 4.1 の蓋の断面積を S とすれば，気体が蓋に及ぼす力は pS に等しい．一方，蓋の質量を M とすれば，蓋に働く重力は Mg で，この2つの力はつり合うから $pS = Mg$ が成り立つ．蓋に衝突する分子の状況は時々刻々変化するため，蓋に働く力も変化し蓋はつり合いの位置のまわりで変動する．このような変動をコンピュータシミュレーションで表すこともできる．

4.2 熱力学第一法則

内部エネルギーの増加分 力学の問題では，運動する物体に仕事が加わると，その分だけ運動エネルギーが増加する．これを一般化すると，熱は力学的な仕事と等価であるから，仕事 W，熱量 Q が同時に静止している物体に加わると，物体の内部エネルギーは $W+Q$ だけ増加すると考えられる．これを**熱力学第一法則**という．この法則は一般的なエネルギー保存則の一種であるとみなされる．すなわち，エネルギーとして力学的な仕事，熱だけを考慮したときのエネルギー保存則が熱力学第一法則である．

熱力学第一法則の定式化 図 4.2 のように，物体に外部から同時に仕事 W，熱量 Q が加わり，物体が状態 A から状態 B へ変化したとき，熱力学第一法則により次の関係が成り立つ．

$$U_B - U_A = W + Q \tag{4.2}$$

ただし，U_A, U_B はそれぞれ状態 A, B における物体の内部エネルギーである．ここで，上式の W, Q は符号をもつ点に注意しなければならない．物体に加わる向きを正としたので，物体が外部に対して仕事をするときには $W < 0$ である．同様に，物体が熱を放出する（物体から熱を奪う）ときには $Q < 0$ となる．

微小変化に対する第一法則 (4.2) で状態 B が状態 A に限りなく近づくと，同式の左辺は U の変化分 ΔU と表される．これに対応し，微小変化では物体に加えられる仕事 W や熱量 Q は微小量であるので，これらを $\Delta W, \Delta Q$ と書けば微小変化に対する熱力学第一法則は

$$\Delta U = \Delta W + \Delta Q \tag{4.3}$$

と書ける．外部から体系に加えられる仕事は，体積の増加分を ΔV とすれば

$$\Delta W = -p \Delta V \tag{4.4}$$

で与えられる（例題 2）．このため，(4.3) は次式のように表される．

$$\Delta U = -p \Delta V + \Delta Q \tag{4.5}$$

第一法則の例 ある物体に 3 J の仕事を加え，それと同時に 4 cal の熱量を奪ったとする．このときの内部エネルギーの増加分を考えてみよう．(4.2) に

$$W = 3 \text{ J}, \quad Q = -4 \text{ cal} = -16.76 \text{ J}$$

を代入すると次のようになる．

$$U_B - U_A = 3 \text{ J} - 16.76 \text{ J} = -13.76 \text{ J}$$

4.2 熱力学第一法則

例題 2 一様な外圧 $p^{(e)}$ のもとで，液体または固体の体積が ΔV だけ増加したとき，外力のする仕事 W は $\Delta W = -p^{(e)} \Delta V$ で与えられることを示せ．また，準静的過程の場合を考え，(4.4) を導け．

解 液体は一定の形をもたず，これをシリンダー中に入れたとすれば (3.1) (p.32) と同様の議論により，外部が液体にした仕事は

$$\Delta W = -p^{(e)} \Delta V$$

と表される．ただし，外部にした仕事を考えるので符号は (3.1) を逆にしたものとなる．p.33 の参考で述べたように，準静的過程では $p^{(e)} = p$ としてよいので (4.4) が導かれる．一方，固体は気体・液体と異なり，一定の形をもつ．そこで，図 4.3 のように，固体の表面上に微小面積 ΔS を考え，膨張のためこの部分が Δl だけ移動したとする．外圧（例えば大気圧）は表面と垂直な向きに働くから，ΔS 部分に働く外力のする仕事は，力の向きと移動方向が逆なので $-$ の符号をつけ

$$-p^{(e)} \Delta S \Delta l$$

と書ける．$\Delta S \Delta l$ は図の角柱状の部分の体積に等しくなり，上の仕事を表面全体にわたって加えると $\Delta W = -p^{(e)} \Delta V$ で，準静的過程とすれば (4.4) が得られる．

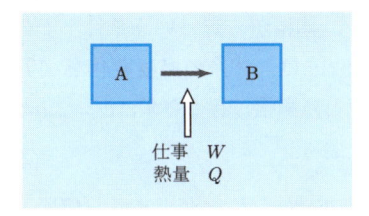

図 4.2 熱力学第一法則

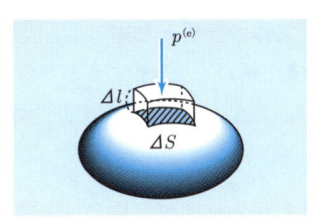

図 4.3 固体の膨張

[補足] **体系のする仕事** Vp 面で状態変化が図 4.4 のような曲線が与えられるとする．このとき，体系の体積が V_A から V_B まで膨張する間に体系のする仕事 W_{AB} は図 4.4 中の水色部分の面積に等しい．なぜなら，図のように体積を ΔV だけ増加させるとき体系のする仕事は図の斜線の長方形の面積に等しくなり，$\Delta V \to 0$ の極限をとると W_{AB} は図中の水色部分の面積に等しくなる．これを次のようにも表す．

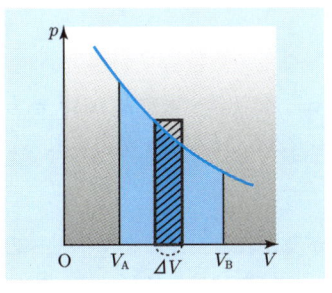

$$W_{AB} = \int_{V_A}^{V_B} p\, dV$$

図 4.4 体系のする仕事

4.3 理想気体の性質

理想気体の意義　実際の気体では気体分子の間に力が働き，その扱いも複雑である．一方，理想気体は数学的な扱いが簡単で，これは物体の熱力学を扱う際のいわばモデルケースを提供する．そのような立場に立ち，以下，理想気体の熱力学的な性質について論じる．

定圧比熱　体積（圧力）を一定に保つような状態変化を**等積（等圧）過程**という．等積過程では体積が一定に保たれるため，体系の温度を上げても熱膨張が起こらない．一方，等圧過程では熱膨張が可能で，膨張の際，外部に仕事をする．この仕事分だけよけいに熱を加える必要があり，その結果，定圧比熱は定積比熱より大きくなる．通常，大気圧のもとで測定が行われ大気圧は一定とすれば，実験的に測定される比熱は定圧比熱であると考えられる．

理想気体の定積比熱　理想気体の性質として，内部エネルギーは体積と無関係であることが知られている．単位質量の体系を考えその内部エネルギー，体積をそれぞれ u, v と書く（単位質量に対する物理量を小文字の記号で表す）．理想気体の性質として u は v に依存しない．体積が一定という条件下での比熱（**定積比熱**）を c_v とすると外部からの熱量 Δq は，体系の温度変化を ΔT とし $\Delta q = c_v \Delta T$ と書ける．一方，体積が一定だと熱膨張は起こらず $\Delta u = \Delta q$ となり

$$\frac{\Delta u}{\Delta T} = c_v \tag{4.6}$$

が得られる．理想気体では c_v は定数で，(4.6) からが u が求まる（例題 3）．

マイヤーの関係　(4.6) から $\Delta u = c_v \Delta T$ と書けるが，これを単位質量に対する第一法則 (4.5)（p.48）に代入すれば

$$c_v \Delta T = -p \Delta v + \Delta q \tag{4.7}$$

となる．単位質量の場合，理想気体の状態方程式は $pv = RT/M$ で与えられる．圧力が一定だと $p\Delta v = R\Delta T/M$ で，これを (4.7) に代入すると $c_v \Delta T = -R\Delta T/M + \Delta q$ が得られる．定圧比熱 c_p は $c_p = \Delta q / \Delta T$ と表され

$$c_p - c_v = \frac{R}{M} \tag{4.8}$$

が導かれる．これを**マイヤーの関係**という．1 モルの物質の熱容量を**モル比熱**という．**定積モル比熱** C_V，**定圧モル比熱** C_p は $C_V = Mc_v$, $C_p = Mc_p$ と書け

$$C_p - C_V = R \tag{4.9}$$

が得られる．上式には分子量 M といった気体に固有な物理量が含まれない．

4.3 理想気体の性質

例題 3 理想気体の c_v は温度によらない定数とする．$T=0$ で $u=0$ として u を T の関数として求めよ．

解 (4.6) から $u = c_v T + u_0$ が得られる（u_0 は定数）．$T=0$ で $u=0$ とすれば $u_0 = 0$ と書け，u は次のようになる．

$$u = c_v T$$

参考 比熱比 (4.8) で，M も R も正の量であるから，$c_p > c_v$ であることがわかる．この不等式の物理的な意味については左ページで述べたように，等圧の場合には熱膨張の分だけエネルギーが余計に必要なためである．ところで，以下の式

$$\gamma = \frac{c_p}{c_v}$$

の γ を**比熱比**という．上述の結果から $\gamma > 1$ の関係が成り立つ．He, Ne などの単原子分子の気体の γ は気体の種類に無関係でほぼ 1.6 程度，一方，H_2, O_2 の 2 原子分子の場合には γ はほぼ 1.4 程度の値をとる．一般にある体系の運動状態を決めるのに必要な変数の数をその体系の**運動の自由度**といい，通常 f の記号でこれを表す．単原子分子では 1 個の粒子の位置を決めればよいので $f = 3$，2 原子分子では原子間の距離は一定で $f = 5$ となる．後で示すように（p.78），$\gamma = (f+2)/f$ の関係が知られていて単原子分子では $f = 5/3$，2 原子分子では 7/5 となる．γ は次節で述べる断熱変化の場合に重要な役割を演じる．

補足 種々の気体に対する C_V, C_p, γ　表 4.1 にいくつかの気体に対する標準状態（1 atm, 0 ℃）での定積モル比熱 C_V，定圧モル比熱 C_p，比熱比 γ を示してある．

例題 4 表 4.1 の結果を利用し，H_2 の場合に (4.9) の関係が成り立つことを確かめよ．

解 $C_p - C_V = 8.68$ J・mol^{-1}・K^{-1} と計算されるが，(4.9) によればこの値は $R = 8.31$ J・mol^{-1}・K^{-1} になるはずである．その誤差は 4 ％ 程度で大体理論通りであるといえる．

表 4.1　気体の定積モル比熱，定圧モル比熱，比熱比

気体	C_V(J・mol^{-1}・K^{-1})	C_p(J・mol^{-1}・K^{-1})	γ
He	12.65	20.82	1.65
Ne	12.99	21.29	1.64
Ar	12.57	20.82	1.66
Kr	12.15	20.41	1.68
H_2	20.11	28.79	1.43
O_2	20.91	29.46	1.41
N_2	20.66	29.12	1.41
CO	21.03	29.46	1.40

4.4 断熱変化

断熱変化の定義　外部と熱の出入りがないような状態を**断熱変化**あるいは**断熱過程**という．断熱変化では (4.5)（p.48）で $\Delta Q = 0$ とおき，一般に

$$\Delta U = -p\Delta V \tag{4.10}$$

が成り立つ．上の方程式を解けば断熱変化を表す状態変化が求まる．

単位質量の理想気体の断熱変化　単位質量の理想気体の場合，(4.7) で $\Delta q = 0$ とおけば (4.10) に相当して

$$c_v \Delta T + p\Delta v = 0 \tag{4.11}$$

が得られる．単位質量に対する状態方程式 $pv = RT/M$ を代入すると

$$c_v \frac{\Delta T}{T} + \frac{R}{M}\frac{\Delta v}{v} = 0 \tag{4.12}$$

となる．上式から次の関係が導かれる（例題 5）．

$$\ln T + (\gamma - 1)\ln v = (定数) \tag{4.13}$$

(4.13) から，断熱変化の場合には次のようになることがわかる．

$$Tv^{\gamma-1} = 一定 \tag{4.14}$$

任意質量の理想気体の断熱変化　質量 m の場合，その体積 V は $V = mv$ と書ける．したがって，この式を (4.14) に代入すると

$$TV^{\gamma-1} = 一定 \tag{4.15}$$

が得られる．$\gamma - 1 > 0$ であるので，(4.15) から V を小さくすれば T は大きくなり，逆に V を大きくすれば T は小さくなることがわかる．すなわち，一定量の理想気体を**断熱圧縮**すると温度が上がり，逆に**断熱膨張**させると温度が下がる．前者の性質はディーゼルエンジン，後者の性質は電気冷蔵庫やエアコンのように，低温を実現させるために利用されている．

p と V との関係　一定量の理想気体では，状態方程式により $T \propto pV$ が成り立つので，これを (4.15) に代入すると次の関係が導かれる．

$$pV^{\gamma} = 一定 \tag{4.16}$$

等温線と断熱線　Vp 面上で等温変化を表す曲線は p.42 で述べたように等温線と呼ばれる．同様に，Vp 面上で断熱変化を記述する曲線を**断熱線**という．理想気体の場合，図 **4.5** に示すように，Vp 面上のある一点を通る断熱線は等温線より急勾配である（例題 6）．

4.4 断熱変化

例題 5 (4.12) から (4.13) を導け.

解 $\Delta T/T = \Delta(\ln T)$, $\Delta v/v = \Delta(\ln v)$ の関係を利用すると，(4.12) から
$$c_v \ln T + \frac{R}{M} \ln v = 定数$$
が得られる．ここで (4.8)（p.50）の関係，すなわち $R/M = c_p - c_v$ に注意して γ の定義式 $\gamma = c_p/c_v$ を利用すると (4.13) が導かれる．

例題 6 理想気体の場合，断熱線は等温線より急勾配であることを示せ.

解 等温変化では $pV = $ 一定 であるから，これから $p\Delta V + V\Delta p = 0$ となる．すなわち，偏微分の記号を使うと
$$\left(\frac{\partial p}{\partial V}\right)_T = -\frac{p}{V}$$
と表される．一方，断熱変化では (4.16) の自然対数をとり，その変化分を考えると $\frac{\Delta p}{p} + \gamma \frac{\Delta V}{V} = 0$ が得られる．すなわち
$$\left(\frac{\partial p}{\partial V}\right)_{\text{ad}} = -\gamma \frac{p}{V}$$
が得られる．$\gamma > 1$ であるから，上の両式から断熱線は等温線より急勾配であることがわかる．ちなみに，ad は adiabatic（断熱的）の略である．

参考 **断熱変化と入道雲** 夏の暑い日に図 4.6 に示すような入道雲（積乱雲）がよく見られるが，これは断熱変化の一例である．強い太陽の直射をうけて温度の上がった空気は軽くなって，上昇していき，上昇気流を構成する．上空になればなるほど，気圧は低いため，空気は膨張する．大量の空気が急に膨張すると熱の出入りする暇がなく，近似的にこの変化は断熱膨張とみなせるので空気の温度が下がる．空気中には水蒸気が含まれていて，温度が下がると，水蒸気は液化して水滴となり，これが雲として観測される．

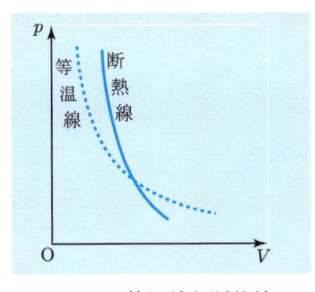

図 4.5 等温線と断熱線　　　　図 4.6 入道雲

4.5 熱機関

サイクル　1つの状態から出発して，再びその状態に戻るような一回りの状態変化を**サイクル**という．サイクルの場合，(4.2) (p.48) で $U_B = U_A$ とおき
$$W + Q = 0 \tag{4.17}$$
が成り立つ．これから $-W = Q$ となる．すなわち，体系が外部にした仕事と吸収した熱量は等しい．あるいは，符号を逆転し $W = -Q$ と書くと，体系に外部から加えられた仕事と放出した熱量は等しい，ともいえる．

熱機関　熱機関はサイクルの性質を利用して，熱を仕事に変換するような装置である．熱機関に利用される物質を**作業物質**という．蒸気機関，ガソリン機関の作業物質はそれぞれ蒸気，ガソリンである．熱機関を表すサイクルでは，ある状態から出発し再び同じ状態に戻るから，作業物質の状態変化は Vp 面で図 **4.7** のような閉曲線となる．ここで矢印は変化の進む向きを表す．サイクルで作業物質のする仕事を考えると，図 **4.7** で C_1 に沿い A から B まで変わるまで外部にした仕事は $A'AC_1BB'$ に囲まれた面積に等しい．一方，C_2 に沿い B から A まで変化する間の仕事は，$A'AC_2BB'$ に囲まれた面積に負の符号をつけたものである．このため A から A へ戻る間（1サイクルの間）に作業物質のする仕事は閉曲線内の面積に等しくなる．

サイクルの向きと仕事の正負　図 **4.7** のように矢印が時計回りの場合には (4.17) で $-W = Q > 0$ である．すなわち，作業物質に加えられた熱量の分だけ作業物質は外部に対し仕事をする［図 **4.8(a)**］．これは熱機関の原理である．図 **4.7** の矢印を逆向き（反時計回り）にすると，上に述べたのと逆なことが起こるが，詳細は右ページの参考を見よ．

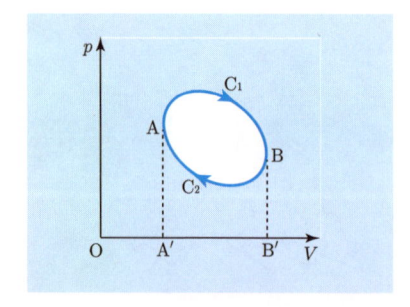

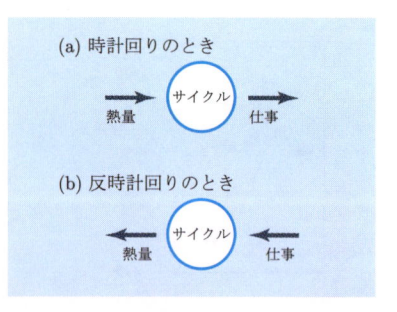

図 **4.7**　サイクル　　　図 **4.8**　サイクルの向き

4.5 熱機関

参考 **逆回りの場合** 作業物質のする仕事に対して $W = -Q > 0$ が成り立つ．したがって，外部から加わった仕事に等しいだけの熱量が作業物質から奪われる［図 **4.8(b)**］．これは冷凍機（電気冷蔵庫やエアコンなど）の原理である．

例題 7 一定量の気体をシリンダーに入れ，適当に加圧または冷却し，かつシリンダーを動かして図 **4.9** のように ABCDA の順序で変化を行わせた．熱の仕事当量を $4.2\,\mathrm{J\cdot cal^{-1}}$，1 気圧 $= 1.013 \times 10^5\,\mathrm{N\cdot m^{-2}}$ として，次の問に答えよ．

(a) A から B までの間に，この気体が外にした仕事は何 J か．
(b) ABCDA の 1 サイクルの間に，気体がした仕事を求めよ．
(c) ABCDA の 1 サイクルの間に，気体が吸収した熱量は何 cal か．
(d) 矢印を逆向きにしたサイクルはどんな変化を記述するか．

解 (a) p.49 の補足で説明したように，体系の体積が V_A から V_B まで膨張する間に体系のする仕事 W_AB は

$$W_\mathrm{AB} = \int_{V_\mathrm{A}}^{V_\mathrm{B}} p\,dV$$

と表される．圧力が一定の場合，上式から $W_\mathrm{AB} = p(V_\mathrm{B} - V_\mathrm{A})$ となる．A→ B の変化は定圧であるから，この結果が使え，気体のする仕事は次のように計算される．

$$3 \times 1.013 \times 10^5 \times 750 \times 10^{-6}\,\mathrm{N\cdot m^{-2}\cdot m^3} = 228\,\mathrm{J}$$

(b) 1 サイクルの間に気体のする仕事は長方形 ABCD の面積に等しい．これは

$$2 \times 1.013 \times 10^5 \times 750 \times 10^{-6}\,\mathrm{N\cdot m^{-2}\cdot m^3} = 152\,\mathrm{J}$$

となる．

(c) 気体の吸収する熱量 Q は，(b) で求めた値に等しいから，これを cal に換算し

$$Q = \frac{152}{4.2}\,\mathrm{cal} = 36.2\,\mathrm{cal}$$

と書ける．

(d) サイクルを逆転させると，逆の現象が起こる．すなわち，気体には外部から 152 J の仕事がなされ，また気体は 36.2 cal の熱量を放出する．

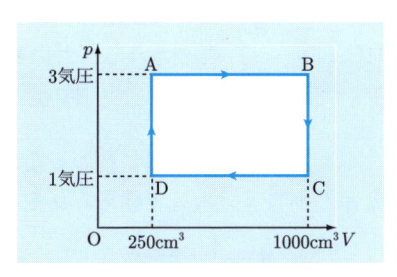

図 **4.9** 気体の膨張・圧縮

4.6 カルノーサイクル

熱源 物体が非常に大きいと,熱の出入りがあってもその物体の温度はほとんど変わらないとみなせる.このように外界と熱の授受があっても温度が変わらないような熱の供給源(あるいは熱の吸収源)を**熱源**という.

高温熱源と低温熱源 2つの熱源 R_1 と R_2 があり前者の温度 T_1 は後者の温度 T_2 より大きいとする.すなわち $T_1 > T_2$ であるとする.前者を**高温熱源**,後者を**低温熱源**という.高温熱源と低温熱源との間に働く任意のサイクル C を考え(図4.9),1サイクルの間に C は Q_1 の熱量を高温熱源から吸収し,Q_2 の熱量を低温熱源に供給すると仮定する.1サイクルの間に C はネットで $Q_1 - Q_2$ の熱量を吸収することになる.よって (4.17) により外部にした仕事 W は

$$W = Q_1 - Q_2 \tag{4.18}$$

と表される.ただし,Q_1, Q_2, W などは正の量であるとし,C は熱機関の機能をもっているとする.

カルノーサイクル フランスの物理学者カルノー(1796-1832)は理想気体を作業物質とするような理想的な熱機関を導入した.いま,n モルの理想気体を摩擦のないシリンダー中に封入したとし,Vp 面上で図4.10 に示すような準静的な状態変化をさせたとする.$1 \to 2$ の間は,気体は温度 T_1 の高温熱源と接触しながら等温膨張する.状態 2 に達したところで,気体を高温熱源から引き離し断熱膨張させる.その結果,気体の温度は下がるが,温度 T_2 になったところ(状態 3)から,今度は温度 T_2 の低温熱源と接触させながら気体を等温圧縮し $3 \to 4$ と変化させる.最後に $4 \to 1$ と断熱圧縮して気体を元の状態に戻す.このような1サイクル $1 \to 2 \to 3 \to 4 \to 1$ を**カルノーサイクル**という.

カルノーサイクルの効率 図4.10 の矢印は時計回りであるから,図4.8(a) に相当し1サイクルの後,カルノーサイクルは外部に仕事をする.(4.18) により,外部にした仕事 W は $W = Q_1 - Q_2$ と表される.このとき

$$\eta = \frac{W}{Q_1} \tag{4.19}$$

の η は加わった熱量のどれだけが実際に仕事に変わったかを表す比率でこれを**効率**という.カルノーサイクルの η は次式で与えられることが知られている.

$$\eta = \frac{T_1 - T_2}{T_1} \tag{4.20}$$

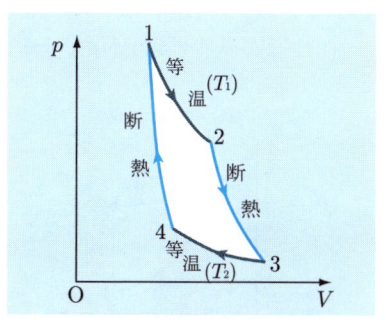

4.6 カルノーサイクル

=============== **カルノーサイクルの意味** ===============

　フランスのサディ・カルノーはフランス革命後に活躍した物理学者であるが，熱力学の分野で不朽というべき功績を残した．彼の父親のラザール・カルノーは政治家で，ナポレオンに重用され軍事大臣などを務めた人である．1760年代のイギリスに始まり，1830年代以降欧州各国に波及した産業革命は人々の生活を劇的に変化させた．産業革命によりそれまで人間の力を使った各種の労働が機械で行われるようになったが，その裏には熱機関の発明があった．熱のもつエネルギーを力学的な仕事に変換できるようになったのである．

　産業革命が進行しているとき，なるべく能率的に熱を仕事に変えることが要求された．熱力学の発展にはこのような実際的な要求があったことは否定できないであろう．理想的には熱を全部仕事に変えることが望ましい．熱力学は，熱を全部仕事にすることの不可能性を教えてくれた．これは，熱力学第二法則でありそれについては第5章で学ぶ．カルノーサイクルは実際に利用されるエンジンとはだいぶ様子が違うが，熱力学の立場でサイクルの性質を理解するのは好個の問題である．

　カルノーはコレラのため若くして亡くなり，その遺品も人に知られることなく埋もれていた．これをとり上げて手を加え，世に紹介したのはフランスの物理学者クラペイロン（1799-1864）である．カルノーの遺作は「火の動力についての考察」と題され，その英語版がE.Mendoza編集「Reflections on the Motive Power of Fire」（Peter Smith，1977）として出版されている．

　(4.20)はカルノーサイクルに関する重要な結果であるが，通常，実際に等温過程，断熱過程で気体が行う仕事を計算し，これを導く．気体が行う仕事を求める際，積分計算が必要となる．本書では積分を知らない読者を対象としているためこのような方法はとらない．(4.20)を導くのに可逆過程を含む熱機関の効率は，非可逆過程を含む熱機関の効率と同じであるか，大きいという性質を利用する．積分計算を知らなくてもこの結論は理解可能であると考えた．これについては5.3節で説明してある．

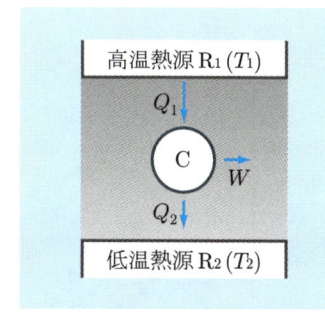

図 4.10　高温熱源と低温熱源

図 4.11　カルノーサイクル

演習問題
第4章

1 ある物体が外部に 5 J の仕事をし，それと同時に 2 cal の熱量を奪った．この作用による物体の内部エネルギーの変化を求めよ．

2 体系に W の仕事が加わり，その間に Q の熱量が放出されるとき体系の内部エネルギーはどれだけ増加するか．次の ① 〜 ④ のうちから，正しいものを1つ選べ．
　① $W + Q$　　② $W - Q$　　③ $-W + Q$　　④ $-W - Q$

3 100 g の食パンには 8.4 g のタンパク質，48.0 g の炭水化物，3.8 g の脂肪が含まれている．この食パンの内部エネルギーは何 kcal か．また，それは何 J か．

4 一定量の 0 ℃ の空気を断熱圧縮してその体積を半分にした．このとき空気の温度は何 ℃ に上昇するか．ただし，空気の比熱比を 1.4 とする．

5 600 K の高温熱源と 300 K の低温熱源との間に働くカルノーサイクルの効率は何 % であるか．

6 図 4.12 に示すようなサイクルを**ディーゼルサイクル**といい，自動車のディーゼルエンジンに利用されている．任意の気体を作業物質とし，また，状態 1, 2, 3, 4 における温度を T_1, T_2, T_3, T_4 とする．このようなディーゼルサイクルの効率を求めよ．

7 図 4.13 に示すようなサイクルを**オットーサイクル**という．理想気体を作業物質とし，また状態 1, 2, 3, 4 における絶対温度を T_1, T_2, T_3, T_4 とする．このようなオットーサイクルに関する以下の各問に答えよ．

　(a) 次の関係が成り立つことを示せ．
$$\frac{T_1}{T_2} = \frac{T_4}{T_3}$$

　(b) このサイクルの効率を計算せよ．

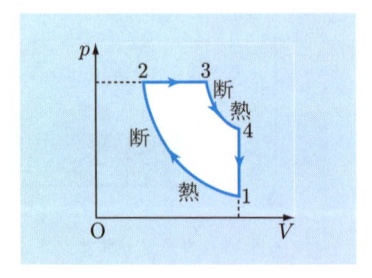

図 **4.12** ディーゼルサイクル　　図 **4.13** オットーサイクル

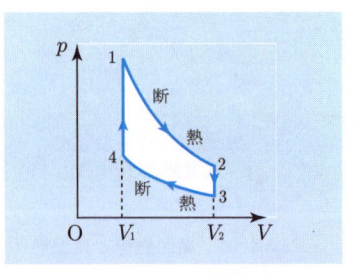

第5章

熱力学第二法則

　高温物体と低温物体とを接触させ放置しておくと，熱は高温部からひとりでに低温部の方へ流れていく．このような熱伝導は一方向きに起こるが，物理現象におけるこの種の一方通行を不可逆過程という．逆に不可逆過程でない現象を可逆過程という．本章では，可逆，不可逆の区別の厳密な定義から出発し，両者を支配する法則，すなわち熱力学第二法則を説明する．また，それを定量化した表式としてクラウジウスの不等式を論じる．この不等式をもとにエントロピーを導入し，エントロピー増大則に触れる．エントロピー増大則は平たくいえば何事も時間が経つと色あせていくということだが，その日常的な意味について述べる．

本章の内容

5.1 可逆過程と不可逆過程
5.2 クラウジウスの原理と
    トムソンの原理
5.3 可逆サイクルと
    不可逆サイクル
5.4 クラウジウスの不等式
5.5 エントロピー
5.6 エントロピー増大則

5.1 可逆過程と不可逆過程

可逆と不可逆　物理現象の中には，時間の流れを逆にしても実現可能な現象（**可逆過程**または**可逆変化**）と時間の流れを逆にしたら実現不可能な現象（**不可逆過程**または**不可逆変化**）とがある．摩擦や抵抗が働かない物体の運動は可逆過程で，例えば単振動では時間の流れを逆にしてもまったく同じ運動が観測される．ある現象が可逆か不可逆かを見極めるには次のようにすればよい．注目する現象をビデオカメラでとり，そのテープを逆転させたとき，この映像が実際に起こり得る現象なら可逆過程，そうでなければ不可逆過程である．

熱伝導と摩擦熱　図 **5.1** に示すように，熱湯を入れたやかんを洗面器中の水にひたすと湯（高温部）から水（低温部）へと熱が伝わる．このような熱の伝導を**熱伝導**という．熱伝導は 高温部 → 低温部 の向きにだけ一方的に起こる不可逆過程である．途中で洗面器に湯を加えるといった人為的な操作を加えない限り，熱は高温部から低温部へと移動し，洗面器の水温は増加する一方である．摩擦のある水平な床上の物体に初速度を与え，その物体を運動させると，物体と床との間に摩擦熱が発生する．その結果，物体の運動エネルギーが熱に変わって物体の速さは次第に減少していき，ついには物体は止まってしまう．ところが，静止していた物体が摩擦熱を吸収して動きだしその速さが増すという現象は起こり得ない．このように，摩擦熱の発生は１つの不可逆過程である．摩擦熱がそのまま全部力学的エネルギーになるとしたら，上記の逆向きの現象は別にエネルギー保存則とは矛盾しない．これからわかるように，熱力学第一法則だけでは変化の向きを指定することはできない．その向きに方向を決める法則が熱力学第二法則である．

図 **5.1**　熱伝導

可逆，不可逆の正確な定義　体系を状態１から状態２へ変化させたとき，この変化は，例えば，Vp 面上の１つの経路で表される．体系が状態２に達したとき，一般には注目する体系の外部になんらかの変化が生じている．経路を逆転させ同じ経路を逆向きにたどって，体系が $2 \to 1$ と変化し元の状態に戻ったとき，外部の変化が帳消しになれば，$1 \to 2$ の変化は可逆過程である．これに反し，$2 \to 1$ のいかなる経路をとっても，外部に必ず変化が残れば，$1 \to 2$ の変化は不可逆過程であると定義する．

5.1 可逆過程と不可逆過程

例題 1 次の現象は可逆か，不可逆か．
(a) 水が蒸発する現象
(b) 水中でのインクの拡散
(c) 摩擦などが働かない落体の運動
(d) 電流が流れるとき熱（ジュール熱）の発生する現象
(e) 火薬の爆発

解 (a) 可逆：水を熱すると，水蒸気になるが，水蒸気を冷やすと水になる．
(b) 不可逆：水中に広がったインクが自然に集まり元の一滴になることはない．
(c) 可逆：力学の法則は元来，可逆である．
(d) 不可逆：導線が熱を吸収し電流が流れるという現象は起こり得ない．
(e) 不可逆：爆発した火薬が元に戻ることはない．

ビデオの威力

　著者と動画との付き合いは古い．子供の頃買ってもらった玩具の映写機には 1936 年にベルリンで開かれたオリンピックの 1 場面が収録されていた．1959 年に渡米するときには 8 mm のムービーカメラを持参した．その頃のカメラはゼンマイ式で何回か手回しそのエネルギーを利用してフィルムを送った．フィルム自身，ダブルと呼ばれ，ちょうど半分使ったとき，フィルムのリールを裏返しにするというタイプであった．その操作にはかなりの器用さが要求された．1960 年後半から 1970 年代になるとシングル 8 というフィルムが出回り「わたしにも映せます」といったコーマシャルが流れるようになった．著者は 1978 年にカナダで 3 カ月ほど暮らしたが，景観や家族のムービーをシングル 8 でとった．この頃から動画をビデオでとることが始まったが，現在ではフィルムを使うという人はまずいないであろう．過去にとったムービーフィルムもビデオに変換できるようになった．ここ半世紀の間に動画に関する技術は急速に発展したといえるだろう．
　ラジオやテレビで高等教育を行うという放送大学も上記の発展とは無縁でない．著者は 1988 年に同大学の客員教授となったが，1991 年に東京大学を定年退官して放送大学に移った．左ページに可逆か，不可逆かの判定にビデオを使う話が出てくるが，放送大学はビデオを使うので不可逆過程は打ってつけのテーマである．授業のディレクターと相談し，この過程の例とした上の (e) でも扱ったが，火薬の爆発をとり上げた．ロケット花火が点火され，光と煙が立ち上がるシーンを選んだ．これを逆転した映像も作ってもらったが，光や煙がもとの火薬に戻る姿はいかにも奇妙という印象をもった．可逆か，不可逆かは常識で判断できるが，不可逆過程に対する映像を自作し，実際に不可逆の不可逆たる由縁を感得するのも一興であろう．

5.2 クラウジウスの原理とトムソンの原理

不可逆性の特徴　前節で学んだ熱伝導における不可逆性の特徴は

$$\text{熱は低温部から高温部へひとりでに移動しない} \tag{5.1}$$

といえる．これを**クラウジウスの原理**という．ここで「ひとりでに」という語句は正確には「外部になんら変化を残さないで」という意味である．同様に

$$\text{熱はひとりでに力学的な仕事に変わらない} \tag{5.2}$$

と表現できる．これを**トムソンの原理**という．この両者を**熱力学第二法則**という．両者の原理とも「ひとりでに」という語句は重要である．例えば (5.1) は 低温 → 高温 の向きに熱を移動させるのは不可能だ，という意味ではない．実際エアコンは低温部から高温部へ熱を移動させる装置である．この場合，エアコンには仕事をしたという変化が残っている．同様に，(5.2) は熱を仕事に変えるのは不可能だ，という意味ではない．カルノーサイクルは熱を仕事に変える一種の熱機関であるが，1 サイクルの後高温熱源は熱量を失い，低温熱源は熱量を受けとるという変化が残っている．

両者の原理の等価性　クラウジウスの原理とトムソンの原理とは，一見，異なったように見えるかもしれないが，両者の原理は，実は同じことを違った立場で表現しているだけである．この等価性は例題 2 で証明する．

証明の論理　両者の等価性を示す準備として，証明の論理を示しておこう．2 つの命題 A, B があり A が成立するとき B が成立することを A → B と書こう．これを証明するのに A, B を否定する命題を A′, B′ として，以下に示すように B′ → A′ を証明してもよい．B′ → A′ を A → B の対偶という．

　一般に命題 A が成立するとき命題 B か命題 B′ か成り立つ．すなわち，A → B か，A → B′ かのどちらかが正しい．B′ → A′ が証明されているとき，A → B′ が正しいと仮定しよう．この仮定下で A → B′ → A′，すなわち，A と A′ とが両立することになり矛盾に導く．よって，A → B でなければならない．すなわち，A → B を証明するにはその対偶をとり B′ → A′ を示せばよい．

　クラウジウスの原理を A，トムソンの原理を B とすれば，両者の原理が等価であるとは A → B，B → A が成立することである．これはむしろ両者の原理が等価であることの定義であると理解してよいだろう．直接 A → B，B → A の証明が難しいのでこれらの対偶をとり A′ → B′，B′ → A′ を証明するという戦略である．これについては次の例題 2 で学ぶ．

5.2 クラウジウスの原理とトムソンの原理

例題 2 クラウジウスの原理とトムソンの原理とは等価であることを示せ.

解 クラウジウスの原理を命題 A, トムソンの原理を命題 B としたとき, A と B とが等価であるとは, 前ページで述べたように A → B, B → A の意味である. これを証明するため

$$A' \to B', \quad B' \to A'$$

を示せばよい.

A′ が成立すると熱は低温部から高温部へひとりでに移動する. そこで, カルノーサイクル C を運転させ, 高温部から Q_1 の熱量を吸収し, 低温部へ Q_2 の熱量を放出したとする. C はその差 $Q_1 - Q_2$ だけの仕事を外部に対して行う [図 5.2(a)]. ここで Q_2 の熱量をひとりでに高温部へ移動させると, 低温部の変化が消滅し, 高温部の熱量 $Q_1 - Q_2$ がひとりでに仕事に変わり B′ が成立する. すなわち, A′ → B′ が証明された.

逆に, B′ が正しいと仮定し, 低温部の熱量 Q' がひとりでに仕事になったとして, この仕事を使い逆カルノーサイクル $\overline{\mathrm{C}}$ を運転させるとする [図 5.2(b)]. その際, 低温部から Q_2 の熱量が失われたとすれば, 1 サイクルの後, 外部の仕事は帳消しとなり, 低温部から $Q_2 + Q'$ の熱量がひとりでに高温部へ移動したことになる. このようにして B′ → A′ が示された.

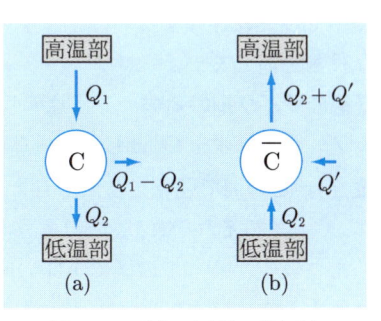

図 5.2 両者の原理の等価性

参考 クラウジウスとトムソン クラウジウス (1822-1888) はドイツの理論物理学者で 1850 年にクラウジウスの原理を提唱した. 次節で, 高温熱源と低温熱源との間で働く可逆サイクルの効率は, 同じ熱源間に働く不可逆サイクルの効率より大きいか, それに等しいことを示す. これを一般の n 個の熱源に拡張したのがクラウジウスの不等式で, それについては 5.4 節で述べる. さらに, クラウジウスは連続的に状態の変わる体系を考慮し, 1865 年にエントロピーの概念を唱えた. エントロピーについては本書の 5.5 節で論じる. クラウジウスは現代から考えると保守的な人で, 統計的な熱理論にはあまり共感をもたなかった. 彼の時代背景を考慮するとこれは当然の帰結かもしれない.

トムソン (1824-1907) はイギリスの物理学者でクラウジウスと前後して熱力学第二法則の定式化に寄与した. 1892 年に爵位をうけ Baron Kelvin of Largs と称し, ラーグスの別荘で逝去した. 1.1 節でも触れたが, 絶対温度や温度差を表す K の記号は Kelvin の頭文字に由来する. なお, エネルギーという用語が定着したのは 1851 年のトムソンの論文以降のことで, 意外なことにニュートンはエネルギーという言葉を知らなかった.

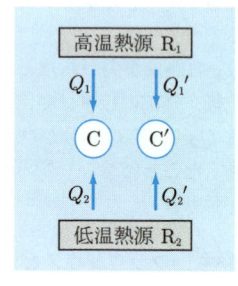

5.3 可逆サイクルと不可逆サイクル

可逆サイクルと不可逆サイクル　カルノーサイクルは理想的な熱機関で，状態変化はすべて準静的過程であり可逆過程であると仮定した．このように，可逆過程から構成されるサイクルを**可逆サイクル**という．これに対し，状態変化の際，不可逆過程を含むようなサイクルを**不可逆サイクル**という．現実の熱機関では，気体が膨張，圧縮するときシリンダーとピストンとの間で摩擦熱が発生したり，また，作業物質と熱源との間で熱伝導が起こったりして，必然的に不可逆過程が含まれる．可逆サイクル，不可逆サイクルで構成される熱機関をそれぞれ**可逆機関**，**不可逆機関**という．可逆機関はいわば想像上の理想的な熱機関で現実に存在するわけではない．しかし，それは理論的な推論の上で重要な役割を演じる．

任意のサイクルの効率　任意のサイクル（可逆でも不可逆でもよい）を C，カルノーサイクルを C′ とし，これらを高温熱源 R_1（温度 T_1）と低温熱源 R_2（温度 T_2）との間で運転させたとしよう．1サイクルの間に，C, C′ はそれぞれ，図 5.3 に示すような熱量を吸収したと仮定する．この図で矢印の向きと熱量の符号は一致するようにしている．図 5.3 ではサイクルに流れ込む向きをプラスにとってある点に注意しておこう．サイクルの性質により，元に戻ったとき，C は $Q_1 + Q_2$，C′ は $Q_1' + Q_2'$ の仕事を外部に行い，結局 C, C′ が元に戻ったとき外部には $Q_1 + Q_2 + Q_1' + Q_2'$ だけの仕事が残る．ここですべての操作が終わったとき R_2 に変化が残らないように Q_2' を決めれば

図 5.3　可逆サイクルと不可逆サイクル

$$Q_2 + Q_2' = 0 \tag{5.3}$$

となる．熱力学第二法則を使うと C の効率に対し

$$\eta \leq \frac{T_1 - T_2}{T_1} \tag{5.4}$$

が導かれる（例題3）．ここで ＝ は可逆，＜ は不可逆の場合に相当する．上式の右辺はちょうどカルノーサイクル C′ の効率で，2つの熱源間で働く熱機関の効率はカルノーサイクルのとき最大となる．可逆，不可逆という物理的な概念が (5.4) の関係では数学的に等式，不等式という形に表現される．このような事情は以下，可逆過程，不可逆過程の区別を表すときに現れる点に注意しておく．

例題 3 一般的なサイクルの効率に関する (5.4) を導け．

解 Q_2' を (5.3) のように決めると C, C' が元に戻ったとき R_2 は元に戻るが，R_1 は $Q_1 + Q_1'$ の熱量を失い，それに等しい仕事が外部に残る．もし，$Q_1 + Q_1'$ が正であれば，正の熱量がひとりでに仕事に変わりトムソンの原理に反するので

$$Q_1 + Q_1' \leq 0 \tag{1}$$

でなければならない．もし C が可逆サイクルであれば，C' は可逆サイクルであるから逆向きの状態変化が可能で上の操作をすべて逆転することができる．その場合には，Q, Q' の符号がすべて逆転し $Q_1 + Q_1' \geq 0$ となり (1) と両立するためには

$$Q_1 + Q_1' = 0$$

が必要となる．逆にこれが成立すれば，すべての変化が帳消しになるので，C が可逆サイクルであることは明らかである．すなわち，(1) の ≤ 0 で $= 0$ と可逆サイクルとは等価である．したがって，< 0 と不可逆サイクルとが等価になる．クラウジウスの不等式 (5.7) (p.66) で $n = 2$ の場合を考えると

$$\frac{Q_1'}{T_1} + \frac{Q_2'}{T_2} = 0 \tag{2}$$

が成立する．(5.3) から得られる $Q_2' = -Q_2$ を (2) に代入すると

$$\frac{Q_1'}{T_1} - \frac{Q_2}{T_2} = 0 \tag{3}$$

となり，これから $Q_1' = T_1 Q_2 / T_2$ が導かれる．$T_1 > 0$ に注意すれば (1) から

$$\frac{Q_1}{T_1} + \frac{Q_2}{T_2} \leq 0 \tag{4}$$

となる．この関係は**クラウジウスの式**と呼ばれる．(4) で $=$ は可逆サイクル，$<$ は不可逆サイクルの場合に対応する．C の効率 η は次式のように書ける．

$$\eta = \frac{Q_1 + Q_2}{Q_1} = 1 + \frac{Q_2}{Q_1} \tag{5}$$

C が外部に仕事をするときには $Q_1 > 0$ で (4) に注意すると (5.4) が得られる．

参考 クラウジウスの式 (5.4) の右辺はカルノーサイクルの効率でこの式を導くため，p.57 で注意したように，通常は気体の行った仕事を求める．それには積分計算が必要なため本書では，この種の計算は省いた．次節で述べるクラウジウスの不等式はここでの議論を一般化したものである．特に $n = 2$ の場合には (4) と一致する結果が導かれる．なお，C が熱機関の場合には $Q_1 > 0, Q_2 < 0$ である．あるいは $Q_2 = -|Q_2|$ であるとしてよい．$|Q_2|$ は低温熱源に供給した熱量である．同様に，C が熱機関の機能をもつとき，$W < 0$ となる．外部にした仕事は $|W|$ で

$$|W| = Q_1 - |Q_2|$$

の関係が成り立つ．

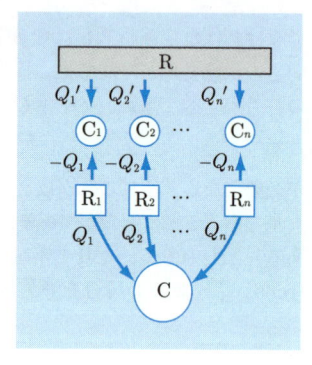

5.4 クラウジウスの不等式

クラウジウスの式の拡張　前ページの (4) は多数の熱源がある場合に拡張できる．いま，任意の体系が行う任意のサイクル C があるとし，1 サイクルの間に図 5.4 のように C は熱源 R_1（温度 T_1）から熱量 Q_1，熱源 R_2（温度 T_2）から熱量 Q_2，$\cdots$，熱源 R_n（温度 T_n）から熱量 Q_n を吸収したとする．ここで，温度 T をもつ任意の熱源 R を準備し，この R と $R_1, R_2, \cdots, R_n$ との間にカルノーサイクル $C_1, C_2, \cdots, C_n$ を働かせる．これらを元に戻したとき図 5.4 のように熱量を吸収したとすれば，カルノーサイクルに対する関係から次式が成り立つ（演習問題 4）．

$$\frac{Q_i'}{T} - \frac{Q_i}{T_i} = 0 \quad (i = 1, 2, \cdots, n) \quad (5.5)$$

すべてのサイクルが完了した時点で，C, C_1, C_2, $\cdots$, C_n は元に戻り，また熱源 R_i からは Q_i と $-Q_i$ の熱量が出ているから差し引き変化は 0 で，$R_1, R_2, \cdots, R_n$ も元に戻る．一方，1 サイクルの間に C_i は $Q_i' - Q_i$，C は $Q_1 + Q_2 + \cdots + Q_n$ の仕事を外部に対して行う．これらを加え外部にした仕事は $Q_1' + Q_2' + \cdots + Q_n'$ となる．したがって，すべてのサイクルが完了した時点で，変化があるのは R が $Q_1' + Q_2' + \cdots + Q_n'$ の熱量を失い，外部にこれだけの仕事が残っているという点で

図 5.4　クラウジウスの不等式

$$\sum_{i=1}^{n} Q_i' \leq 0 \quad (5.6)$$

が成り立つ．5.3 節と同じ議論で C が可逆サイクルなら，(5.6) で = 0，不可逆サイクルなら < 0 となる．

クラウジウスの不等式　(5.5) から Q_i' を解いて，(5.6) に代入し $T > 0$ に注意すれば

$$\sum_{i=1}^{n} \frac{Q_i}{T_i} \leq 0 \quad (5.7)$$

が得られる．上式は n 個の熱源があるとき成り立つ関係でこれを**クラウジウスの不等式**という．2 個の熱源を考え，$n = 2$ とすれば (5.7) は例題 3 の (4) のクラウジウスの式（p.65）に帰着する．

5.4 クラウジウスの不等式

例題 4 (a) あるサイクルが温度 T_0, T_1, T_2 の熱源からそれぞれ Q_0, Q_1, Q_2 の熱量を吸収し元の状態に戻るとき，クラウジウスの不等式はどのように表されるか．

(b) (a) はガス冷蔵庫の原理を表す．このサイクルではガスの炎（温度 T_0）からの熱量 Q_0 が，低温熱源（温度 T_2）と高温熱源（温度 T_1）との間で働く逆カルノーサイクルへの仕事の役割を演じる（図 5.5）．すべての変化が可逆的の場合，Q_2 を求め，このような過程が冷蔵庫として働くことを示せ．

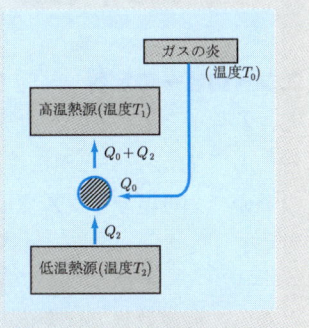

図 5.5 ガス冷蔵庫の原理

解 (a) (5.7) により次式が得られる．

$$\frac{Q_0}{T_0} + \frac{Q_1}{T_1} + \frac{Q_2}{T_2} \leq 0$$

(b) 可逆的であれば，上式で等号をとり，さらに $Q_1 = -(Q_0 + Q_2)$ を代入し

$$\frac{Q_0}{T_0} - \frac{Q_0 + Q_2}{T_1} + \frac{Q_2}{T_2} = 0$$

となる．これから Q_2 を解いて

$$Q_2 = \frac{T_2}{T_0} \frac{T_0 - T_1}{T_1 - T_2} Q_0$$

となる．$T_1 > T_2$ であるから，$T_0 > T_1$ なら $Q_2 > 0$ となる．すなわち，$T_0 > T_1 > T_2$ が満たされると，低温熱源から熱が奪われ，冷蔵庫としての機能が生じる．この具体例については演習問題 5 を参照せよ．

参考 **冷蔵庫** 物を温めるのは簡単だが，これを冷やすのは簡単でない．19 世紀の後半から，近代的な冷凍装置が開発され氷の大量生産が可能となった．冷凍装置の原理は仕事を使い，低温部から高温部へ熱を移動させることである．4.5 節で述べたように，カルノーサイクルを逆転したものはそのような冷凍機としての機能をもつ．子供の頃，上方に氷を入れ，下方に冷やしたい物を収容する一種の冷蔵庫が活躍した．氷を販売することが商売として十分に成り立った．その頃，品川区大井町の森前という所に住んでいたが，製氷工場は私の遊び場の 1 つであった．1950 年代後半の高度経済成長時代には電気冷蔵庫は白黒テレビ，電気洗濯機と並んで三種の神器と呼ばれ，珍重された．現在では，これらの家電製品は全国津々浦々に浸透し，例えば電気冷蔵庫はどの所帯でも平均的に 1 台は持ち合わせると思われる．ガスを燃やして低温を実現するのは手品を見る感じだがその原理は例題 4 で述べた通りである．この型の冷蔵庫は電力供給の不便な場所でも使用できるので，ヨット，キャンピングカーなどのアウトドアの目的に利用されている．

5.5 エントロピー

エントロピーの定義　図 5.6(a) のように，1 から 2 に経路 L_1 に沿って変化し，$2 \to 1$ と L_2' をたどり元へ戻る可逆サイクルを考える．体系の温度 T と熱源の温度 T' が違うと熱伝導という不可逆過程が起こり，可逆サイクルになり得ないので，可逆サイクルでは $T = T'$ である．このため

$$\sum_{L_1} \frac{\Delta Q}{T} + \sum_{L_2'} \frac{\Delta Q}{T} = 0 \tag{5.8}$$

となる．可逆過程では変化の向きを逆転させると熱量の符号が逆転する．このため図 5.6(b) のように，L_2' と逆向きの経路を L_2 とすれば，(5.8) は

$$\sum_{L_1} \frac{\Delta Q}{T} = \sum_{L_2} \frac{\Delta Q}{T} \tag{5.9}$$

と表される．すなわち，$1 \to 2$ の可逆過程を表す任意の経路を L としたとき

$$\sum_L \frac{\Delta Q}{T} \tag{5.10}$$

は L の選び方に依存しない．L の始点 0 を決め $0 \to 1, 0 \to 2$ の可逆過程を表す任意の経路を新たに，L_1, L_2 とする（図 5.7）．0 を固定したと思えば

$$\sum_{L_1} \frac{\Delta Q}{T} = S(1), \quad \sum_{L_2} \frac{\Delta Q}{T} = S(2) \tag{5.11}$$

で定義される $S(1), S(2)$ はそれぞれ状態 1, 2 に依存し状態量となる．この S をエントロピーという．基準状態 0 の選び方は任意であるからエントロピーには不定性がある．物理的に意味のあるのはエントロピーの差であるから，この不定性が重大な問題になることはない．重力の位置エネルギーがエネルギーの原点のとり方に依存し，一義的に決まらないのと事情は似ている．

状態変化とエントロピーの差　図 5.7 のように，$1 \to 2$ の任意の経路 L（可逆でも不可逆でもよい）を考え，$0 \to 1 \to 2 \to 0$ のサイクルに注目すると

$$\sum_L \frac{\Delta Q}{T'} + \sum_{L_1} \frac{\Delta Q}{T} - \sum_{L_2} \frac{\Delta Q}{T} \leq 0 \tag{5.12}$$

が導かれる．ここで，(5.11) を使うと

$$\sum_L \frac{\Delta Q}{T'} \leq S(2) - S(1) \tag{5.13}$$

となる．ただし，等号は $1 \to 2$ の状態変化が可逆な場合，不等号は $1 \to 2$ の状態変化が不可逆な場合に対応する．

5.5 エントロピー

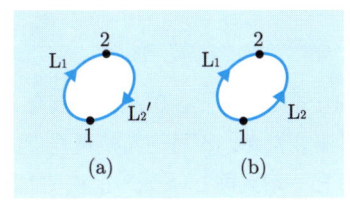

図 5.6 可逆サイクル

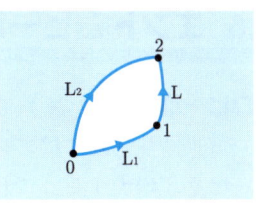

図 5.7 エントロピーの定義

参考 **連続的な状態変化** クラウジウスの不等式 (5.7) は有限個の熱源に対するものであった．これを，サイクルが連続的に温度の変わる熱源との間で熱を交換するとし，体系の 1 サイクルを概念的に図 5.8 のような閉曲線で表す．この曲線を細かく分割し，各微小部分で体系が吸収する熱量を ΔQ，そのときの熱源の温度を T' とする．T' と $'$ をつけたのは，それが体系の温度 T ではなく，熱源の温度であることを明記するためである．分割を十分細かくすれば (5.7) は

$$\sum \frac{\Delta Q}{T'} \leq 0$$

と表される．上記のような考え方は左ページに議論に使われていた．積分の記号を使うと

$$\oint \frac{dQ}{T'} \leq 0$$

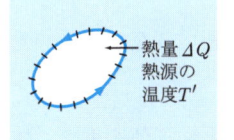

図 5.8 連続的な状態変化

と書ける．ここで，積分記号につけた ○ はサイクル（閉曲線）に関する積分を意味する．場合により dQ の代わりに $d'Q$ の記号を使うことがある．これは熱量が状態量でないことを表すためである．

例題 5 理想気体（質量 m，分子量 M）のエントロピーを求めよ．

解 可逆過程，微小変化では $\Delta Q = T\Delta S$ と書ける．熱力学第一法則の関係 $\Delta U = -p\Delta V + \Delta Q$ を使うと

$$\Delta S = \Delta U/T + p\Delta V/T$$

となる．理想気体の場合には

$$\Delta U = mc_v \Delta T, \quad pV = mRT/M$$

と表され，これらを利用すると

$$\Delta S = mc_v \frac{\Delta T}{T} + \frac{mR}{M}\frac{\Delta V}{V}$$

である．$\Delta(\ln T) = \Delta T/T$ などの関係を使うと上式から

$$S = mc_v \ln T + \frac{mR}{M} \ln V + S_0$$

が得られる．S_0 は任意定数でエントロピーの不定性を表す．

5.6 エントロピー増大則

エントロピー増大則　断熱過程 ($\Delta Q = 0$) を考えると，$0 \leq \Delta S$ となる．すなわち，可逆断熱過程ではエントロピーは不変だが，不可逆断熱過程ではエントロピーは必ず増大する．これを**エントロピー増大則**という．全宇宙は断熱不可逆的なのでそのエントロピーは増大する一方であると考えられている．

エントロピーの微視的な意味　演習問題8で学ぶように，一定量の氷が固体から液体に変わるとき，あるいは一定量の水が液体から気体になるときエントロピーは増加する．これは固体，液体，気体の順に体系の乱雑さが増すためである．ボルツマンはエントロピーの微視的な解釈として

$$S = k_B \ln W \tag{5.14}$$

という公式を導いた．k_B は**ボルツマン定数**と呼ばれ

$$k_B = 1.38 \times 10^{-23} \text{ J} \cdot \text{K}^{-1} \tag{5.15}$$

という値をもつ．体系全体の粒子数，エネルギーが決まっているとき，W は可能な微視的状態数である．液体に比べ気体の W が多いことから，後者のエントロピーが前者より大きくなる．同様な事情は液体，固体の比較のときにも成立する．

エントロピー増大則の日常的な意味　エントロピー増大則は，物事が乱雑になろうとする傾向を表す法則で日常的にも各所でみられ，日本語で表現すれば

玲瓏 → 混濁	透明 → 不透明	整頓 → 乱雑	純 → 雑
建設 → 破壊	盆水 → 覆水	秩序 → 乱れ	記憶 → 忘却
整然 → 混沌	安静 → 活発	平穏 → 動乱	精緻 → 茫漠
清澄 → 汚染	清潔 → 汚れ	清 → 濁	静粛 → 喧噪
集中 → 拡散	商品 → 廃品	規則的 → 出鱈目	分離 → 混合
統合 → 離散	凪ぎ → 嵐	楽音 → 騒音	明瞭 → 不明瞭

といった例が挙げられよう．これらの内で 分離 → 混合 という例は少々わかりにくいかもしれないが，エントロピー増大則の典型例であるのでもう少し詳しく説明しよう．例えば，一方の容器に酸素気体，もう一方の容器に窒素気体を封入し両者を分離しておく．このような状況で両者間の壁をはずすと，酸素気体と窒素気体が混合し，混合のエントロピーが増大する．私たちの身のまわりにある空気はまさに酸素と窒素の混合気体で自然にそれらが分離することはない．混合は不可逆過程の一例であるといってもよい．

エントロピー増大則と国歌

　私の母の名前は阿部君代という．その妹，つまり私にとって叔母にあたる人の名は阿部千代である．私の父と千代の夫とは兄弟なので，兄弟と姉妹とが結婚していることになり，そのため親族は少ないのであろう．母方の三女が生まれれば「さざれ」という名前にする予定であったと聞いている．母も叔母もこの世にはいないが，三女はこの世に生まれなかった．これらの名前は我が国の国歌「君が代」に由来しているが，その歌詞は

君が代は　千代に八千代に　さざれ石の
いわおとなりて　苔のむすまで

となっている．そういう点で「君が代」は私の誕生と深い縁があったといえる．しかし，エントロピー増大則という観点から上の歌詞を眺めると，少々おかしいことに気がつく．エントロピー増大則とは時間が経つほど物事は古びていき，でたらめな方向に進むことを意味する．「いわお」すなわち大きな石は風化されると壊れてしまい，細分されることが期待される．左のページはこのようなエントロピー増大則にふさわしい日本語を列記したものである．

　放送大学で1998年から4年間，当時そこにおられた堂寺知成先生と共同で「エネルギーと熱」という授業を担当した．エントロピー増大則の例として左ページにあるような例を堂寺先生が挙げられたが，それに加筆したのが左ページである．私は1948年から日記をつけているが，時の経過には抗しがたく，最初の頃の日記帳も古びている．細かい石が何らかの作用でいわおとなる可能性もあろうが，長い目で見ると，結局いわおはさざれ石に帰着するであろう．このような点で「君が代」の歌詞は科学的事実と矛盾しているように思われる．

　エントロピー増大則を歌った歌があると思うが次の2例をあげよう．これは阿部龍蔵：「新・演習 熱・統計力学」サイエンス社（2006）p.54 から再録したものである．1つは百人一首内の作者小野小町の

花の色は　移りにけりな　いたずらに
我が身世にふる　ながめせしまに

という和歌で，ぼんやり過ごしているうちに私の容色は衰えてしまったという老化を嘆いた歌であろう．他の1つは安倍貞任，源義家合作と伝えられる和歌で

年を経し　糸の乱れの　くるしさに
衣の館(たて)は　ほころびにけり

というものである．生物の成長，老衰，死などはそもそも逆過程を考えることができない現象で，人によってはこれらを絶対不可逆と呼んでいる．

演習問題
第5章

1. 0 °C と 600 °C の両熱源の間で働く熱機関の最大効率は何 % か.
2. 一定の温度 T で状態変化を行うサイクルがあり,1 サイクルの間に体系が受けとった熱量,仕事をそれぞれ Q, W とする.Q, W に関する以下の性質を証明せよ.
   (a) このサイクルが可逆サイクルである場合,$Q = W = 0$ が成り立つ(ムティエの定理).
   (b) このサイクルが不可逆サイクルである場合,$W = -Q > 0$ である.
3. 温度 T_2 の低温熱源から Q_2 の熱量を吸収し,温度 T_1 の高温熱源へ Q_1 の熱量を放出する冷凍機がある.1 サイクルの間に外部から加わった仕事を W として以下の問に答えよ.ただし,Q_1, Q_2, W はいずれも正とする.
   (a) Q_1, Q_2, W の間にどんな関係が成り立つか.
   (b) この冷凍機が可逆サイクルなら
$$W = \left(\frac{T_1}{T_2} - 1\right) Q_2$$
   不可逆サイクルなら
$$W > \left(\frac{T_1}{T_2} - 1\right) Q_2$$
   であることを示せ.
4. カルノーサイクルに対し (5.5)(p.66)の成り立つことを確かめよ.
5. 図 5.5(p.67)で高温熱源は庫外として $T_1 = 300$ K,庫内の低温熱源は庫外より 50 K 低いとして $T_2 = 250$ K とする.$T_0 = 1000$ K,$Q_0 = 1$ J のとき,Q_2 は何 J か.
6. n 個の熱源があり,任意のサイクル C が 1 サイクルの間に熱源 R_1(温度 T_1)から熱量 Q_1,熱源 R_2(温度 T_2)から熱量 Q_2,$\cdots$,熱源 R_n(温度 T_n)から熱量 Q_n を吸収したとする.1 サイクルの後,C は外部に $\sum_{i=1}^{n} Q_i$ の仕事をしたことを証明せよ.
7. 演習問題 6 のような n 個の熱源に対するサイクルを熱機関と考える.吸熱過程における熱源の最高温度を $T_{\max}$,放熱過程における熱源の最低温度を $T_{\min}$ とする.この熱機関の効率 η に対し次式を示せ.
$$\eta \leq 1 - \frac{T_{\min}}{T_{\max}}$$
8. 1 気圧での 0 °C の氷,100 °C の水に対する融解熱,気化熱はそれぞれ 1 g 当たり 80 cal,539 cal である.5 g の氷あるいは水を同温度の水あるいは水蒸気にする際のエントロピー増加分を求めよ.

第6章

分子の熱運動

　コップの中の水を半分にしても依然水である．このような半分化を続けて行うとついには水の最小単位に到達する．この最小単位は水分子であり，すべての物質は分子から成り立っている．さらに分子はいくつかの原子から構成され，これらを表すとき原子・分子という用語がよく使われる．He, Ne などの単原子分子では分子と原子とは一致するが，H_2, O_2 などの2原子分子の場合，1個の分子は2個の原子から構成される．ここでは原子・分子を総括して分子と呼ぶことにする．気体の場合，気体分子は容器内を自由に運動し，壁との衝突はその圧力の原因となる．本章では分子論の立場から圧力を求め状態方程式と比較して，単原子分子の理想気体に内部エネルギーを求める．この結果を一般化し，運動の自由度と比熱比との関係を論じる．分子の熱運動という立場から気体・液体・固体という物質の三態を扱う．また，固体に注目しその内部エネルギーを考える．

本章の内容

6.1　気体分子の熱運動
6.2　理想気体の内部エネルギー
6.3　運動の自由度と比熱比
6.4　物質の三態
6.5　固体の内部エネルギー

6.1 気体分子の熱運動

気体分子　気体は莫大な数の分子から構成される．これらのあるものは遅く走り，あるものは速く走って一種の統計分布を示すが，分子は容器の中を縦横無尽に運動している．分子が壁にぶつかって跳ね返されると分子は力積を及ぼし，それが気体の圧力の原因となる．

気体分子と壁との衝突　1 辺の長さ L の立方体の容器に含まれる単原子分子の理想気体を考え（図 **6.1**），気体の温度を T，1 個の気体分子の質量を m とする．分子の速度を $\boldsymbol{v}$ とし，その x, y, z 成分を v_x, v_y, v_z とすれば

$$v^2 = v_x^2 + v_y^2 + v_z^2 \tag{6.1}$$

が成り立つ．速度 $\boldsymbol{v}$ の分子をとり x 方向を考えることにしよう．図 **6.2** に壁 A に衝突する分子の様子が示されている．衝突前，分子のもつ x 方向の運動量成分は mv_x で衝突後それは $-mv_x$ となる．したがって x 方向の運動量変化は

$$-mv_x - mv_x = -2mv_x \tag{6.2}$$

と書ける．力学の法則により，運動量変化は加えられた力積に等しいから，この衝突で壁が分子に与える力積は $-2mv_x$ である．このため，分子は逆に壁を押す向きに $2mv_x$ の力積を及ぼしている．

気体の圧力　時間 t の間に分子は $v_x t$ だけの距離を走る．時間 t の間に壁 A と衝突する回数は $v_x t/2L$ と書け，時間 t の間に壁 A に与える力積は

$$2mv_x \frac{v_x t}{2L} = \frac{mv_x^2}{L} t \tag{6.3}$$

と表される．上式から圧力を求めると次式が得られる（例題 1）．

$$p = \frac{1}{3} \frac{Nm \langle v^2 \rangle}{V} \tag{6.4}$$

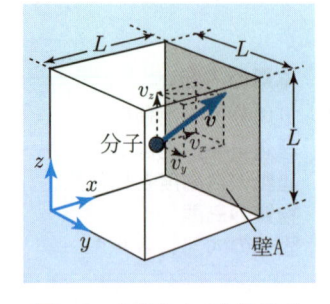

図 **6.1**　立方体中の気体分子　　図 **6.2**　壁との衝突

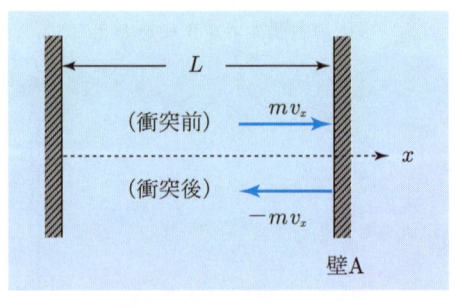

例題 1　(6.4) を導け.

解　(6.3) からわかるように，時間 t 中に壁 A に与える力積は

$$\frac{m v_x^2}{L} t \tag{1}$$

で与えられる．式の導出には $v_x > 0$ と仮定したが，v_x^2 が現れているので (1) は v_x の正負に関係なく正しい結果である．容器中には多数の分子がありその総数を N とする．それぞれの分子に番号をつけ，例えば 1 番目の分子の v_x を v_{1x}，2 番目の分子の v_x を v_{2x}，$\cdots$，と表す．すべての分子に対して加え合わせると，壁 A に与える力積は

$$\frac{m}{L}(v_{1x}^2 + v_{2x}^2 + \cdots + v_{Nx}^2) t \tag{2}$$

と書ける．一般に，気体分子に付随する物理量 f はその番号に依存するが

$$\langle f \rangle = \frac{1}{N} \sum_{i=1}^{N} f_i \tag{3}$$

で f の平均値を定義する．単位時間（$t=1$）に対する力積は力に等しい．こうして (2), (3) から，気体分子全体が壁 A に与える力 F は次のように表される．

$$F = \frac{N m \langle v_x^2 \rangle}{L} \tag{4}$$

壁 A は 1 辺の長さ L の正方形であり，その面積 S は $S = L^2$ となる．圧力 p は単位面積当たりの力であるから

$$p = \frac{N m \langle v_x^2 \rangle}{L^3} = \frac{N m \langle v_x^2 \rangle}{V} \tag{5}$$

と書ける．ただし，V は $V = L^3$ の立方体の体積である．一般に，i 番目の分子の速度 $\boldsymbol{v}_i$ に対し (6.1) と同様

$$v_i^2 = v_{ix}^2 + v_{iy}^2 + v_{iz}^2 \tag{6}$$

が成り立つ．気体分子は非常に多く，それぞれの分子はあらゆる方向にでたらめに運動している．よって，分子の平均の速度は x, y, z 方向で同等と考えられるので

$$\langle v_x^2 \rangle = \langle v_y^2 \rangle = \langle v_z^2 \rangle = \frac{1}{3}\left(\langle v_x^2 \rangle + \langle v_y^2 \rangle + \langle v_z^2 \rangle\right) = \frac{1}{3}\langle v^2 \rangle \tag{7}$$

となる．(5), (7) から (6.4) が導かれる．

補足　座標系の選び方　図 6.1 の座標系は左手系である．通常は右手系を使うので，図のように x, y 軸を水平方向に選ぶと z 軸は鉛直下方を向く．このため v_z は符号が逆転する．このような左手系をとっても (7) の関係は変わらない．なぜなら $\langle v_z^2 \rangle$ は v_z の符号が逆転しても不変だからである．

6.2 理想気体の内部エネルギー

単原子分子の理想気体　He, Ne などの単原子分子では分子は原子と一致すると考えてよい．このため，分子の回転，振動などを考慮する必要はなく，分子を点とみなせる．理想気体で分子間の位置エネルギーは無視できるので，i 番目の分子の運動エネルギーを e_i とすれば，体系全体の力学的エネルギー E は

$$E = e_1 + e_2 + \cdots + e_N \tag{6.5}$$

と表される．

内部エネルギー　E のある時刻 t における値はその時刻における内部エネルギーを表している．この値は時々刻々変動しているが，熱平衡にある体系ではその値は一定であるとみなしてよい．単原子分子の理想気体では

$$e = \frac{1}{2}mv^2 \tag{6.6}$$

と書けるので，(6.5) により

$$\langle E \rangle = \frac{N}{2}m\langle v^2 \rangle \tag{6.7}$$

となる．(6.7) を (6.4) に代入すると

$$pV = \frac{2}{3}\langle E \rangle \tag{6.8}$$

が得られる．1 モルの理想気体の状態方程式は，(3.8)（p.40）により

$$pV = RT \tag{6.9}$$

と表される．$\langle E \rangle$ が熱力学的な内部エネルギー U であることを使うと (6.8)，(6.9) を比較することにより次の関係が導かれる．

$$U = \frac{3}{2}RT \tag{6.10}$$

ボルツマン定数　1 モルの気体中の分子数 N はモル分子数 N_A に等しいから，(6.7) で $N = N_A$ とおき (6.10) に注意すると

$$\frac{1}{2}m\langle v^2 \rangle = \frac{3}{2}\frac{R}{N_A}T \tag{6.11}$$

となる．気体定数 R をモル分子数 N_A で割ったものを**ボルツマン定数**といい，通常 k_B で表す．すなわち，次式が成り立つ（例題 2）．

$$k_B = \frac{R}{N_A} = 1.38 \times 10^{-23} \text{ J·K}^{-1} \tag{6.12}$$

6.2 理想気体の内部エネルギー

例題 2 ボルツマン定数を求めよ．

解 R の結果 (3.9) (p.40) と N_A の結果 (4.1) (p.46) から
$$k_B = \frac{8.31 \text{ J}\cdot\text{mol}^{-1}\cdot\text{K}^{-1}}{6.02\times 10^{23} \text{ mol}^{-1}} = 1.38\times 10^{-23} \text{ J}\cdot\text{K}^{-1}$$
と計算される．

例題 3 (6.11) はボルツマン定数を使うと
$$\langle v^2 \rangle = \frac{3k_B T}{m}$$
と書ける．上式の平方根をとり
$$v_t = \left(\frac{3k_B T}{m}\right)^{1/2}$$
で定義される v_t は速さの次元をもつが，これを**熱速度**という．ここで，添字 t は thermal の頭文字をとったものである．20 ℃ における電子の熱速度は何 m·s^{-1} か．

解 電子の質量は $m = 9.11\times 10^{-31}$ kg である．$k_B = 1.38\times 10^{-23}$ J·K^{-1} を用いると
$$v_t = \left(\frac{3\times 1.38\times 10^{-23}\times 293}{9.11\times 10^{-31}}\right)^{1/2} \text{ m}\cdot\text{s}^{-1} = 1.15\times 10^5 \text{ m}\cdot\text{s}^{-1}$$
と計算される．

参考 ボルツマン ボルツマン (1844-1906) はオーストリアの物理学者で，分子運動論，統計力学の分野で重要な業績を残した．マクスウェルの気体分子運動論を発展させて速度分布則のより厳密な証明を得ようと努力した．彼は音楽を愛し，自らピアノを弾いたとのことである．ボルツマンは 1906 年，62 歳で神経衰弱のため自殺した．エントロピーと微視的な状態数 W とを結び付ける $S = k_B \ln W$ という公式はボルツマンの原理と呼ばれ，これについては 5.6 節 (p.70) で述べた．ボルツマンの墓碑にはこの関係が彫られている (図 6.3)．胸像の上方に S = k log W の公式が見られる．「この公式はこの墓石が何千年もの歳月によって瓦礫(がれき)に化するときがきても相変わらず成立しているであろう」という Engelbert Broda によるコメントもある [桂重俊著：統計力学，廣川書店 (1969)]．なお，図 6.3 は早川尚男著：臨時別冊・数理科学 SGC ライブラリ 54，非平衡統計力学，サイエンス社 (2007) から引用したものである．

図 6.3 ボルツマンの墓碑

6.3 運動の自由度と比熱比

エネルギー等分配則　気体分子の運動エネルギー e は，速度の x, y, z 成分を使うと $e = (m/2)(v_x^2 + v_y^2 + v_z^2)$ と表される．運動が x, y, z 方向で同等であることに注意すれば，例題 1 の (7)（p.75）を使い

$$\left\langle \frac{mv_x^2}{2} \right\rangle = \left\langle \frac{mv_y^2}{2} \right\rangle = \left\langle \frac{mv_z^2}{2} \right\rangle = \frac{k_\mathrm{B} T}{2} \tag{6.13}$$

が導かれる．これからわかるように，気体分子の運動エネルギーの平均値は，1 つの自由度当たり $k_\mathrm{B} T/2$ ずつ等分に分配される．この結果を**エネルギー等分配則**という．6.5 節で示すように，調和振動子の場合，位置エネルギーに対しても 1 つの自由度当たり $k_\mathrm{B} T/2$ のエネルギーが分配される．これもエネルギー等分配則と呼ばれる．

2 原子分子の理想気体　A 原子，B 原子から構成される AB という 2 原子分子を想定し，その分子から構成される理想気体を考える．ただし，A と B とは同じでもかまわないとする．A 原子，B 原子それぞれの運動の自由度は 3 で，全体の運動の自由度は 6 であるように思える．しかし，通常の温度では 2 原子の間の振動は起こらず，AB 間の距離は一定であるとみなしてよい．例えば H_2 分子では振動が起こるのは 6000 K 以上であるとされている．このため，運動の自由度 f は 5 となる．重心を決めるのに 3 個の自由度，重心のまわりに回転を決めるのに 2 個の自由度が必要となり運動の自由度は 5 となる．このような回転運動に対してもエネルギー等分配則が成り立ち，2 原子分子から構成される 1 モルの理想気体の内部エネルギー U は (6.10)（p.76）に対応し

$$U = \frac{5}{2} RT \tag{6.14}$$

が得られる．したがって，定積モル比熱は次のようになる．

$$C_V = \frac{5}{2} R \tag{6.15}$$

一般の場合　分子の運動の自由度が f であるような理想気体を考えると，上の議論を一般化し，比熱比 γ に対して

$$\gamma = \frac{f+2}{f} \tag{6.16}$$

が得られる（例題 4）．上式は 4.3 節（p.51）で述べたように実際の実験データとよく一致する結果である．

6.3 運動の自由度と比熱比

例題 4 一般に多原子分子の理想気体では 1 つの運動の自由度当たり $k_\mathrm{B}T/2$ のエネルギーが分配される．1 つの分子の自由度を f とすると，比熱比は $\gamma = (f+2)/f$ で与えられることを証明せよ．

解 1 個の分子のエネルギーの平均値は $fk_\mathrm{B}T/2$ となる．このため 1 モル当たりの内部エネルギー，定積モル比熱はそれぞれ

$$U = \frac{fRT}{2}, \quad C_V = \frac{fR}{2}$$

と表される．一方，マイヤーの関係 (4.9) (p.50)

$$C_p - C_V = R$$

を利用すると定圧モル比熱は

$$C_p = \frac{(f+2)R}{2}$$

と書ける．よって，比熱比

$$\gamma = \frac{C_p}{C_V}$$

は与式のようになり，(6.16) が導かれる．

例題 5 3 原子分子の運動の自由度 f は一般的には $f = 6$，もし 3 原子が一直線上にある場合には $f = 5$ であることを示せ．ただし，各原子間の距離は一定であると仮定する．

解 原子 1, 2, 3 が図 6.4 のように三角形を構成するときを考える．一般に，1, 2, 3 の位置を決定するには 9 個の変数が必要である．しかし，仮定により 12 間, 23 間, 31 間の距離が一定という 3 つの条件が課せられるので，自由に変化し得る変数の数は 6 で自由度は 6 となる．一方，図 6.5 のように 1, 2, 3 が一直線上のとき 1, 2 の位置を決めれば 3 の位置は自動的に決まる．したがって，このときの自由度は 2 原子分子のときと同じで 5 となる．

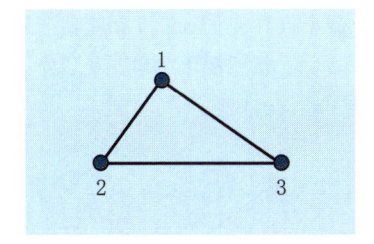

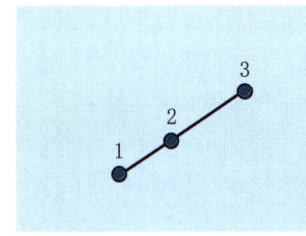

図 6.4　3 原子分子　　　　図 6.5　一直線上の 3 原子

6.4 物質の三態

分子構造　一般に，分子はさらに原子から構成されるという構造をもち，これはその分子特有な性質をもつ．この構造を**分子構造**という．これまでよく例に上がった水素分子 H_2 は 2 個の水素原子 H が 74 pm = 0.074 nm だけの距離をおいて結合したものである（図 6.6）．ただし

$$\text{pm} = \text{ピコメートル} = 10^{-12} \text{ m} \tag{6.17}$$

$$\text{nm} = \text{ナノメートル} = 10^{-9} \text{ m} \tag{6.18}$$

という長さの単位である．同様に，水分子 H_2O は 2 個の水素原子 H と 1 個の酸素原子 O が結合したものである．図 6.7 のように，OH と OH との角は約 104°，OH 間の距離は約 1 Å である．Å は**オングストローム**と読み

$$1 \text{ Å} = 10^{-10} \text{ m} = 10^2 \text{ pm} = 10^{-1} \text{ nm} \tag{6.19}$$

である．pm や nm と違い，Å は国際単位系での長さの単位ではないが，分子の大きさはほぼこの程度なので，現在でもよく使われる．

状態変化の微視的な意味　2.4 節の状態図（p.27）で一定量の物質は圧力，温度によって固体，液体，気体かのいずれかの状態をとることを示した．この 3 つの状態が**物質の三態**であるが，圧力を一定に保ち，温度を上げ，固相 → 液相 → 気相 という状態変化を分子という微視的な観点からみよう．低温では図 6.8(a) のように固体状態が実現し，分子は規則正しい配列を作って，結晶構造を構成する．結晶格子を構成する分子は釣合いの位置を中心として振動するが，これを**格子振動**という．次節で格子振動に付随する内部エネルギーについて学ぶ．格子振動は温度上昇とともに激しくなるので，これを**熱運動**ともいう．固体に熱を加えると，分子の規則正しい配列が崩れ，固相から液相へと変化する．図 6.8(b) のように，液相では分子は振動しながら位置を入れ替えるような運動をしている．さらに，高温になると，液相 → 気相 という状態変化が起こり，分子は自由に空間中に激しく運動するようになる［図 6.8(c)］．

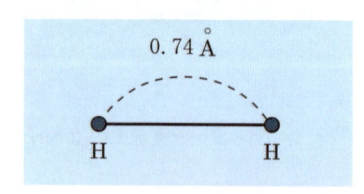

図 6.6　水素分子の構造

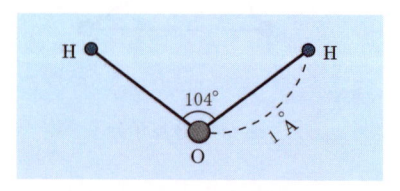

図 6.7　水分子

6.4 物質の三態

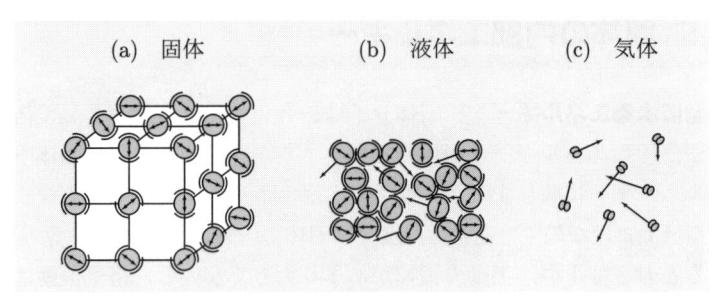

図 6.8 物質の三態

例題 6 格子振動の 1 つの模型として，一直線（x 軸）上を運動する質量 m の質点が原点 O を中心とする調和振動する体系を考えることがある．この体系を**一次元調和振動子**という．一次元調和振動子に関する次の問に答えよ．

(a) 質点の x 座標が $x = r \sin(\omega t + \alpha)$ で表されるとする．r は振幅，ω は角速度（角振動数），α は初期位相である．このとき質点の速度 v を求めよ．

(b) 質点の力学的エネルギー e は

$$e = \frac{1}{2}mv^2 + \frac{1}{2}\omega^2 x^2$$

で与えられる．e は時間によらない定数であることを示せ．

解 (a) 座標 x は $x = r \sin(\omega t + \alpha)$ と書けるので，速度 v は

$$v = \lim \frac{\Delta x}{\Delta t} = r\omega \cos(\omega t + \alpha)$$

と計算される．

(b) 運動エネルギー K，位置エネルギー U は次のようになる．

$$K = \frac{1}{2}mv^2 = \frac{1}{2}mr^2\omega^2 \cos^2(\omega t + \alpha)$$

$$U = \frac{1}{2}m\omega^2 x^2 = \frac{1}{2}mr^2\omega^2 \sin^2(\omega t + \alpha)$$

$\cos^2 \varphi + \sin^2 \varphi = 1$ の関係を使うと

$$e = \frac{1}{2}mr^2\omega^2$$

となり，e は時間に依存しない定数である（図 6.9）．この e を**振動のエネルギー**という．K，U はそれぞれ時間に依存するが，その和は定数となる．これは力学的エネルギー保存則を表す．

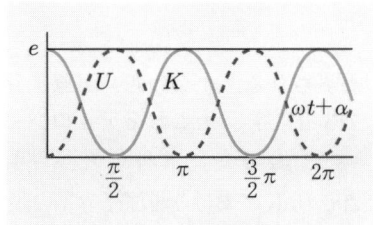

図 6.9 振動のエネルギー

6.5 固体の内部エネルギー

格子振動によるエネルギー　固体分子は釣合いの位置を中心として格子振動を行うが，そのエネルギーは固体の内部エネルギーに寄与する．固体中の電子も内部エネルギーに関与するが，電子の内部エネルギーが効いてくるのは数 K という極低温だけなので，通常の温度では固体の内部エネルギーは専ら格子振動によると考えてよい．振動の振幅があまり大きくないと，格子振動は前節で述べた調和振動で表される．簡単のため単原子分子で構成される固体を考慮し体系中の分子数を N とする．1個の分子は x, y, z 方向に振動でき，体系は $3N$ 個の一次元調和振動子と等価となる．

一次元調和振動子　図 6.9 からわかるように，一次元調和振動子では運動エネルギー K と位置エネルギー U との間でエネルギーの交換が起こり，結果として両者の和が一定に保たれ，それが振動のエネルギーである．時間平均を ‾ で表せば $\overline{K} = \overline{U}$ が成り立つ．単原子分子の理想気体では (6.13)（p.78）に示したように

$$\langle K \rangle = \frac{k_\mathrm{B} T}{2} \tag{6.20}$$

と書ける．(6.20) の $\langle K \rangle$ は，気体分子にあるものは速く走り，あるものは遅く走るという状況に対する集団平均を表す．これに反して (6.20) の $\overline{K}$ は時間平均で 時間平均 = 集団平均 という等式が統計力学での基本的な仮定である．本書ではこの仮定は深入りしないが，一例を右ページに示す．

デュロン–プティの法則　上の仮定を認めると，単原子分子から構成される固体に内部エネルギーは，同じ温度にあり，同じ単原子分子の理想気体のちょうど 2 倍となる．このため定積モル比熱 C_V も 2 倍となり

$$C_V = 3R \tag{6.21}$$

と表される．すなわち，単原子分子から構成される固体のモル比熱は気体定数の 3 倍に等しい．これを**デュロン–プティの法則**という．表 6.1 に理科年表から引用した固体の 298.15 K における単原子分子の固体の定圧モル比熱を表す．この値は $\mathrm{J \cdot mol^{-1} \cdot K^{-1}}$ の単位で表したものである．固体の場合には熱膨張は小さいので定圧モル比熱と定積モルは等しいとしてよい．理論と実験との比較については例題 7 で論じる．

表 6.1 単原子分子の固体の定圧モル比熱

亜鉛	25.48
金	25.38
銀	25.49
ナトリウム	28.23
鉛	26.82

6.5 固体の内部エネルギー

例題 7 表 6.1 を使い，金のモル比熱のデュロン–プティの法則の予想された値からの誤差を求めよ．

解 (3.9)（p.40）により，デュロン–プティの法則 (6.21) を使うと単原子分子の固体のモル比熱 C は
$$C = 3R = 24.93 \text{ J} \cdot \text{mol}^{-1} \cdot \text{K}^{-1}$$
と表される．固体の場合には定圧とか定積という区別はあまり気にしなくよい．金のとき，表 6.1 の実測値との違いは $0.45 \text{ J} \cdot \text{mol}^{-1} \cdot \text{K}^{-1}$ でその誤差は 1.8% 程度である．

例題 8 デュロン–プティの法則は cal 単位を使うとどうなるか．

解 気体定数 R は cal 単位を使うと $R = 1.98 \text{ cal} \cdot \text{mol}^{-1} \cdot \text{K}^{-1} \simeq 2.00 \text{ cal} \cdot \text{mol}^{-1} \cdot \text{K}^{-1}$ となるので，モル比熱は $3 \times 2.00 \text{ cal} \cdot \text{mol}^{-1} \cdot \text{K}^{-1} = 6 \text{ cal} \cdot \text{mol}^{-1} \cdot \text{K}^{-1}$ となる．6 というのは覚えやすい数なのでデュロン–プティの法則を論じるときには cal 単位を使う方がよいかもしれない．

参考 **低温における固体の比熱**　モル比熱は本来の比熱に 1 モルの質量を掛けたものである．質量の温度依存性は無視してよいから，デュロン–プティの法則からわかるように比熱は温度に無関係で一定である．しかし，この結果は実験と合わない．これについては p.21 のコラムで述べたが，温度が 0 になると比熱も 0 になるよう振る舞う．このような比熱の挙動は新しい物理学の発展をもたらした．アインシュタインがこんにちアインシュタイン模型と呼ばれている体系を導入したのもこのような矛盾を解決するためである．

━━━ 時間平均と集団平均 ━━━

1 モルの気体を考えると，1 億の 1 億倍のそのまた 1 億倍という莫大な数の分子が運動している．その分子同士が衝突したり，容器の壁とぶつかってはね返されたりして容器内を運動している．1 つの分子に注目すると，これに付随する物理量 f は時々刻々変化し，その時間平均が $\overline{f}$ である．

集団平均 $\langle f \rangle$ は例題 1 の (3)（p.75）で定義されるが，両者の平均が等しい例としてさいころを振り，例えば 1 の出る確率を考えよう．この確率はいうまでもなく 1/6 である．この確率を求めるため，同じさいころを何回も振り 1 の目の出る確率を計算する．これは時間平均をとることに相当する．同じ確率を求めるため，与えられたさいころと寸分違わぬ多数のさいころを準備しこれらをいっせいに振って，1 の目の出る確率を見積もる．当然ながら，両者はともに 1/6 の数値を与える．

熱力学の範囲では，物質の示す現象だけに注目しその微視的な性質に深入りしない．気体運動論では気体が多数の分子から構成されるという立場から気体の示すいろいろな性質を研究する．これを一般化したのが統計力学でその基礎づけには 時間平均 = 集団平均 という仮定を使う．これを統計力学の分野ではエルゴード仮説と呼んだりする．

演習問題 第6章

1. 標準状態（1 atm, 0 ℃）における 1 cm³ の気体に含まれる気体分子の数を**ロシュミット数**という．ロシュミット数を求めよ．

2. 天然のヘリウムは ^{4}He 原子から構成される．^{4}He 原子の質量を求め，20 ℃ における ^{4}He 原子の熱速度を計算せよ．

3. 20 ℃ において気体分子の 1 つの自由度当たりのエネルギーは何 J となるか．

4. 物質の構成粒子は固体状態ではある点を中心として振動を行う．この点を**格子点**という．格子点は整然と並び**結晶格子**を作り上げ，結晶格子の構造を**結晶構造**という．結晶構造にはさまざまな種類があるが，特に重要なのは格子点が立方体を構成するときでこの格子を**立方格子**という．立方格子には次のような 3 種類がある．もっとも簡単なものは図 6.10(a) に示した 1 辺の長さ a の立方体が構成する格子で，これを**単純立方格子**という．a は**格子定数**と呼ばれる．**体心立方格子**では立方体の中心に格子点があり［図 6.10(b)］，**面心立方格子**［図 6.10(c)］では正 6 面体を構成するそれぞれの正方形の面の中心に格子点が存在する．この場合でも a を格子定数という．体積 a^3 の立方体中の格子点の数を単純立方格子，体心立方格子，面心立方格子のそれぞれに対して求めよ．

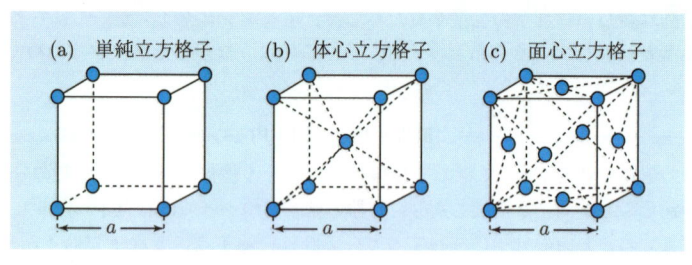

図 6.10 立方格子

5. 図 6.11 に食塩 NaCl の結晶を示す．青丸がナトリウムイオン Na$^+$，白丸が塩素イオン Cl$^-$ で，結晶はこれらのイオン間に働くクーロン力で構成される．NaCl の格子定数はいくらか．ただし，Na の原子量を 23.0，Cl の原子量を 35.4 とし，NaCl の密度を 2.17 g・cm^{-3} とする．

6. 表 6.1 の原子分子の固体のモル比熱は気体定数 R の何倍か．その数値を示す表を作表せよ．

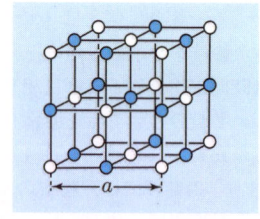

図 6.11 NaCl

第7章

波　動

　海岸に打ち寄せる波は典型的な波動現象である．日本人なら誰でもが芭蕉の名句「古池や蛙飛び込む水の音」を知っているであろう．蛙が池に飛び込んだ後，水面上を広がっていく水面波も波動の一例である．波動はこのように日常生活と密接に結び付いていて，第8, 9章で学ぶように光は波動の性質をもっている．本章では波の示す主要な性質について論じる．また，特に音波に注目し，音に関連したいくつかの事項に関して学ぶ．

本章の内容
- 7.1　波動の基礎概念
- 7.2　波を表す方程式
- 7.3　波の性質
- 7.4　音　波
- 7.5　ドップラー効果
- 7.6　定　常　波

7.1 波動の基礎概念

進行波 池の水面に小石を投げると，小石の落ちた点を中心として水面は上下に変化し凹凸の状態になって，この変位は一定の速さで周辺に伝わっていく（図 7.1）．このようにある**物理量**（**波動量**）が１つの場所から次々と周囲に伝わっていく現象を**波動**あるいは**波**という．波動の伝わる速さ v を**波の速さ**，波動を伝える物質（上の例では池の水）を**媒質**という．また，ある方向に進む波は**進行波**と呼ばれる．波動は波動量が伝わっていく現象で，必ずしもある物体が伝わっていくものではない．上の水面波の例では，水面に浮かんだ木の葉が上下に振動し，この振動状態が波として伝わっていき，水自身が波動として動いていくのではない．一般に，波動量として何を選ぶかは注目する現象に依存する．上記の水面波では水面の各点における平均水準面からの上下方向の変位を波動量と考えればよい．

縦波，横波 図 7.2(a) のように滑らかな床の上にある長いばねの一端を固定し，他端を図のように振動させると，その振動状態は波動として，ばねの上を伝わっていく．この場合，振動方向と波の進行方向とは平行であり，このような波を**縦波**という．一方，水平面上の長い綱の一端を固定し，他端を左右に振らすと，変位は波の形で伝わるが［図 7.2(b)］，振動方向と波の進行方向とは垂直である．この種の波を**横波**という．

波動の例 音波，電磁波，地震波，… というように波の字のついた物理現象にはいろいろなものが存在する．これらはいずれも波動である（表 7.1）．光は電磁波の一種でその伝わる速さは１秒間に地球を７回半回るような高速である．光の関する学問は**光学**と呼ばれるが，第 8, 9 章で光学の概要を学ぶ．地震波には右ページの補足で述べるように縦波と横波の２種類があり，縦波の伝わる速さは横波のそれより大きい（例題 1）．このため，地震が発生すると最初縦波の振動を感じるが，引き続き横波の振動が到着する．災害をもたらすのは横波の方である．

表 7.1 波動の例

	波動量	媒質	縦波か横波か
水面波	水準面からの変位	水	横波
空気中の音波	空気の密度	空気	縦波
電磁波	電気ベクトル・磁気ベクトル	真空	横波
地震波	密度・変位	地球	縦波・横波

7.1 波動の基礎概念

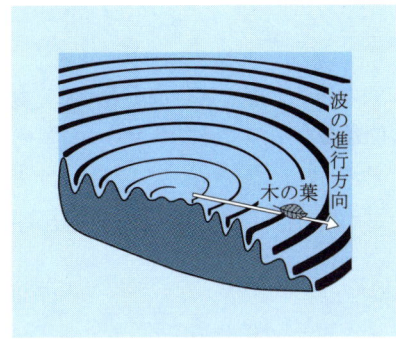

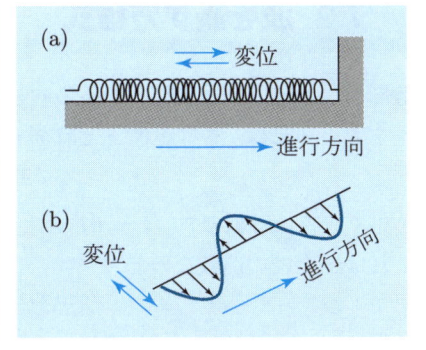

図 7.1 水面波

図 7.2 縦波, 横波

例題 1 地震波に関する以下の問に答えよ.
(a) 震源から距離 s だけ離れた地点で地震波を観測したところ最初縦波が到達してから時間 t だけ遅れて横波を観測した. 縦波, 横波の速さを v_l, v_t とする（l は longitudinal, t は transverse の略）. s を v_l, v_t, t を用いて表せ.
(b) $v_l = 8 \text{ km} \cdot \text{s}^{-1}$, $v_t = 4.5 \text{ km} \cdot \text{s}^{-1}$, $t = 10 \text{ s}$ とする. s を求めよ.

解 (a) 地震が発生したときを時間の原点にとれば, 距離 s だけ離れた地点に到達する時刻はそれぞれ

$$t_l = \frac{s}{v_l}, \quad t_t = \frac{s}{v_t}$$

と書ける. 題意により $t = t_t - t_l$ で, この関係から s は次のように求まる.

$$s = \frac{v_l v_t}{v_l - v_t} t$$

(b) 数値を代入し次のようになる.

$$s = \frac{8 \times 4.5}{8 - 4.5} \times 10 \text{ km} = 103 \text{ km}$$

補足 **P 波, S 波** 地震波は地球内部を伝わる弾性波である. 地震のとき最初にくる波は縦波だがこれを **P 波**という. P はラテン語の undae primae（1 次波）による. 一方, 横波を **S 波**と呼ぶが, 命名は同じくラテン語の undae secundae（2 次波）にその起源をもつ. 地震の始まった当初は比較的振動はゆるいが, 少したつと振動がはげしくなるのを読者は経験したことがあろう. これは, 横波が到着したために, 振動がよりはげしくなることを意味する.

参考 **エーテル** 表 7.1 を見ると電磁波を伝える媒質として真空と記載してある. 最初からそうだったのではなく, 昔電磁波を伝える物質としてエーテルというものを仮定した人もいる. しかし, エーテルの存在は実験的に否定されたので, 現在では真空そのものの性質として, 真空は電磁波を伝えることができるとしている.

7.2 波を表す方程式

波形　　一直線 (x 軸) 上を正の向きに v の速さで進む進行波を考える．波動量を u とすれば，u は座標 x と時刻 t の関数となるので，これを

$$u = u(x, t) \tag{7.1}$$

と書く．特に時刻ゼロ ($t = 0$) のとき，波動量 u は $u(x, 0)$ で与えられるが，これは x だけの関数なので

$$u(x, 0) = f(x) \tag{7.2}$$

と表す．x を横軸に，u を縦軸にとって u を x の関数として図示したとき，(6.2) の関係が図 **7.3** の実線で表されるとする．横波の場合，この曲線は実際の波の形を記述するのでそれを**波形**という．

$u(x, t)$ の表式　　正の向きに進む波を考えているから，時間がたつにつれ図 **7.3** の実線はその形を変えずに右側に移動する．時刻 t における波動量は図のように実線を vt だけ右側へ動かした点線のように表される．x 軸上の任意の座標 x をとり，図のような座標 x' を考えると $x' = x - vt$ が成り立つ．x での点線の u 座標は x' での実線の u 座標に等しい．すなわち，x における u 座標は $f(x') = f(x - vt)$ と同じである．したがって，点線を表す関数 $u(x, t)$ は

$$u(x, t) = f(x - vt) \tag{7.3}$$

となる．同様に，x 軸上を負に向きに進む波では，$t = 0$ で $u = g(x)$ とすれば

$$u(x, t) = g(x + vt) \tag{7.4}$$

と書ける．一般には $u(x, t)$ は (7.3) と (7.4) の和で次式のように表される．

$$u(x, t) = f(x - vt) + g(x + vt) \tag{7.5}$$

正弦波　　(7.2) の $f(x)$ が図 **7.4** のような三角関数で与えられる場合，この波を**正弦波**という．普通，波といえばこの正弦波を指す．正弦波の 1 つの山から次の山までの距離，あるいは 1 つの谷から次の谷までの距離が**波長** λ である．正弦波は $x - vt$ という形を一塊として含んでいるから，この場合の波動量は

$$u = r \sin \omega \left(t - \frac{x}{v} \right) \tag{7.6}$$

と書ける．(7.6) で $x = $ 一定 とすれば $u = r \sin (\omega t + \alpha)$ となり，u は振幅 r，角振動数 ω の単振動として記述される．$\omega / v = 2\pi / \lambda$ が成り立つが振動数 f を導入すると $\omega = 2\pi f$ と書けるので，次の**波の基本式**が成立する．

$$v = \lambda f \tag{7.7}$$

7.2 波を表す方程式

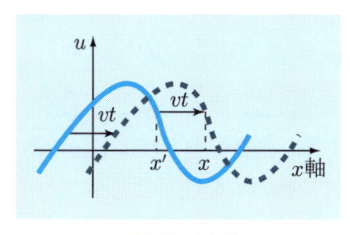

図 7.3 波形

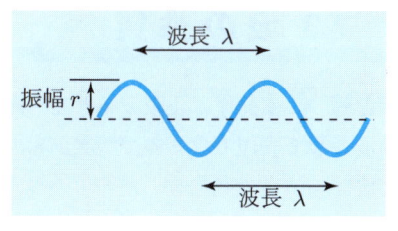

図 7.4 正弦波

> [補足] **波の基本式の物理的意味** 1回振動が起こると波は波長 λ だけ進む．単位時間の間に f 回振動するのでその間に波は λf だけ進みこれは波の速さ v に等しい．以上の関係を表したのが (7.7) である．

> **例題 2** 振幅 6 cm，振動数 30 Hz，波長 24 cm の正弦波が x の正方向に進行している．時間 t がゼロのとき，原点の変位 u は 3 cm であるとし，この正弦波を表す方程式を導け．

解 単振動の初期位相 α に相当する φ を導入し，$\omega = 2\pi f$, $\omega/v = 2\pi/\lambda$ を利用すると (7.6) は

$$u = r \sin\left[2\pi \left(ft - \frac{x}{\lambda}\right) + \varphi\right]$$

と書ける．上式で $t = 0$, $x = 0$, $r = 6$, $u = 3$ とおき $\sin \varphi = 1/2$ となる．これから $\varphi = \pi/6$ と求まる．よって，u, x に cm 単位を用い，u は次式のように求まる．

$$u = 6 \sin\left[2\pi \left(30t - \frac{x}{24}\right) + \frac{\pi}{6}\right]$$

> **例題 3** $x = t = 0$ で波動量は 0 とする．周期 T, 波長 λ の正弦波は
> $$u = r \sin\left[2\pi \left(\frac{t}{T} - \frac{x}{\lambda}\right)\right]$$
> と記述されることを示せ．

解 $x = t = 0$ の条件から例題 2 の φ は $\varphi = 0$ であることがわかる．例題 2 の結果で $f = 1/T$ とおけば与式が得られる．実際，$t \to t+T$, $x \to x+\lambda$ とすれば波動量は元の値に戻るので T は周期，λ は波長となる．

> [参考] **位相** (7.6) の $\omega\left(t - \dfrac{x}{v}\right)$ あるいは例題 3 中の $2\pi\left(\dfrac{t}{T} - \dfrac{x}{\lambda}\right)$ を**位相**という．正弦波の場合，位相が決まれば波動量も決まるので，波のある瞬間の状態を記述するのに，位相で表すこともできる．位相が同じときには，波動量も同じであると考えてよい．例えば，位相が 0 のときそれに対応する波動量も 0 である．位相という概念は波の干渉を論ずる際，重要な役割を演じる．

7.3 波の性質

腹と節　本節では正弦波を考え，横波を扱うことにする．縦波は適当な方法で横波として表現できるので（次節参照），横波だけを考慮すれば十分である．正弦波は sin( ) を含むが，前節で述べたように括弧の中を位相という．位相が $\pi/2$ のところは波動量が最大となりそこは波の山に対応する．一方，位相が $-\pi/2$ のときは波の谷に相当する．位相が $\pm\pi/2$ のときに振動が激しくなりその場所を**腹**という．位相が 0 または π のときには波動量は 0 となり，そこを**節**という．

波面と射線　三次元空間を伝わる波の場合，時間を固定したとき，同位相の点をつないだ面を**波面**という．時間の経過に伴い，波面は波の速度で空間中を広がる（例題4）．波の進行方向は波面に垂直で，波の進路を表す線を**射線**（光のときには**光線**）という（図**7.5**）．(7.6)（p.88）の正弦波では射線は x 軸あるいはそれと平行な直線で，波面は x 軸に垂直な平面となる．一般に，波面が平面である波を**平面波**という．

ホイヘンスの原理　一様な媒質中の 1 点 O から出た波は O を中心として球面状に広がっていく．このような波を**球面波**という．一般に波が伝わるとき，波面上の各点から到達した波と同じ振動数と速さをもつ 2 次的な球面波ができるとし，それらを合成すると次の波面を求めることができる．あるいは，例題5, 図**7.6** で学ぶように，波の進む前方でこれらの球面波に共通に接する面が次の波面となる．これを**ホイヘンスの原理**という．また，波面上の各点から出ると考えられる球面波を **2 次波**（あるいは**素元波**，**要素波**）という．

反射・屈折の法則　平面を境界面として 2 種類の媒質 1 と媒質 2 とが接しているとする（図**7.7**）．ある方向から波が入射する場合を考え，図の AO は入射波の射線を表すとする．入射波の一部分は OB のように反射され，残りの部分は OC のように屈折して進む．点 O における境界面への法線と入射射線とのなす角を**入射角**，反射射線と法線とのなす角を**反射角**，屈折射線と法線とのなす角を**屈折角**という．以下，入射角，反射角，屈折角をそれぞれ θ, θ', φ で表すと

$$\theta = \theta' \tag{7.8}$$

となる（**反射の法則**）．また，媒質 1, 2 中の波の速さを v_1, v_2 とすれば

$$\frac{\sin\theta}{\sin\varphi} = \frac{v_1}{v_2} \tag{7.9}$$

が成り立つ．これを**屈折の法則**という．これらの法則はホイヘンスの原理から導くことができる（演習問題 2, 3）．

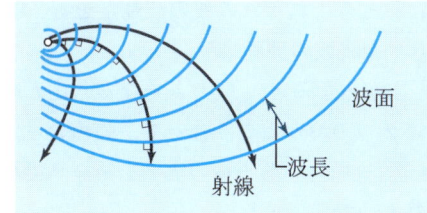

7.3 波の性質

図 7.5 一般の波の波面と射線

例題 4 (7.6)（p.88）で論じた正弦波の山が速さ v で伝わることを示せ．(7.3) あるいは (7.4) で表される波の場合はどうか．

解 (7.6) で $\omega(t-x/v) = \pi/2$ は波の山を与える．したがって，この関係の微小変化をとると $\Delta x/\Delta t = v$ となり，山の速さは v であることがわかる．(7.3) で記述される $f(x-vt)$ では $x-vt=$ 一定 だと波動量も一定となり，上と同様伝わる速さは v となる．同様に $g(x+vt)$ は x の負方向に速さ v で進む波を表す．

例題 5 平面波が伝わる様子とホイヘンスの原理との関係について論じよ．

解 時刻 0 で図 7.6 のような平面波の波面 AB があるとする．この場合，媒質が一様であれば，波の進む向きは AB と垂直である．波の速さを v とすれば時刻 0 から時間 t だけたった後の波面は図の A′B′ のようになる．この波面上の各点から 2 次波が出るが，時間 Δt 後には図のような $v\Delta t$ を半径とする球面波が無数にできる．ここで図に示した点 P をとると，この点に達する 2 次波のあるものは正，あるものは負の波動量を与え，これらを重ね合わせると結局は打ち消し合うと考えられる．このような打ち消し合いが起こらないのは，すべての 2 次波と共通に接する A″B″ で，これが時刻 $t+\Delta t$ における波面となる．このようにして，ホイヘンスの原理から平面波の伝わる様子を理解することができる．

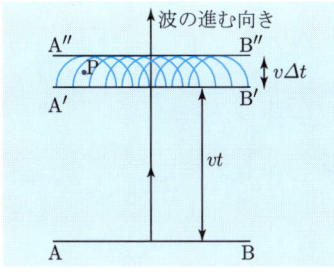

図 7.6 平面波とホイヘンスの原理

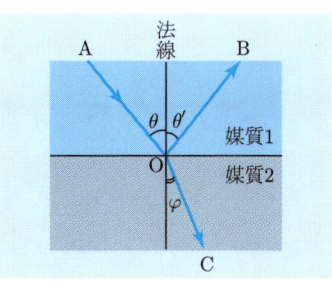

図 7.7 波の反射と屈折

干渉 媒質中に2つの波が同時に伝わるときそれぞれの波の波動量を u_1, u_2 とすれば，波の重ね合わせの原理により，合成波の波動量 u は $u = u_1 + u_2$ と書ける．2つの波を合成したとき，山と山が重なると u は大きくなるし山と谷が重なると u は小さくなる．このように2つの波が重なり合って，強め合ったり，弱め合ったりする現象を干渉という，光に対する干渉の実例を第9章で紹介するが，干渉は波の示す重要な現象の1つである．

干渉に対する条件 波を出す原因になるものを波源という．図 7.8 に示すように波源 S_1 から出る波 (a) とまったく同じ波源 S_2 から出る波 (b) を点 P で観測すると，例えば $PS_1 - PS_2 = \lambda$ であれば2つの波 (a), (b) の山と山が重なり，合成波の振幅は元の波の2倍となって合成波は強くなる．これを拡張し，一般に

$$PS_1 - PS_2 = 0, \pm\lambda, \pm2\lambda, \cdots \quad (7.10\text{a})$$

のとき，合成波は強くその振幅は元の2倍となる．一方，$PS_1 - PS_2$ が $\lambda/2$ の奇数倍だと山と谷が重なり合い合成波の振幅は 0 となる．この条件は

$$PS_1 - PS_2 = \pm\frac{\lambda}{2}, \pm\frac{3\lambda}{2}, \pm\frac{5\lambda}{2}, \cdots \quad (7.10\text{b})$$

と表される．実際，数式を利用し (7.10a), (7.10b) の条件が導かれる（例題 6）．

回折 波が障害物でさえぎられたとき，波がその障害物の陰に達する現象を回折という．水面波による回折の例を図 7.9 に示す．これからわかるように，隙間に対して波長が大きいほど，回折の効果は顕著になる．一般に，波長が障害物の大きさと同程度か，それより大きいとき，回折が起こりやすい．音波の波長は数 m 程度なので回折がよく起き，このため音波をシャットアウトするのは容易でなく騒音対策は難しいのである．一方，波長が障害物の大きさよりはるかに小さいときには回折は起こらない．光の波長は 10^{-6} m の程度なので，通常の物体の大きさよりずっと小さいため回折は起こらず光は直進すると考えてよい．

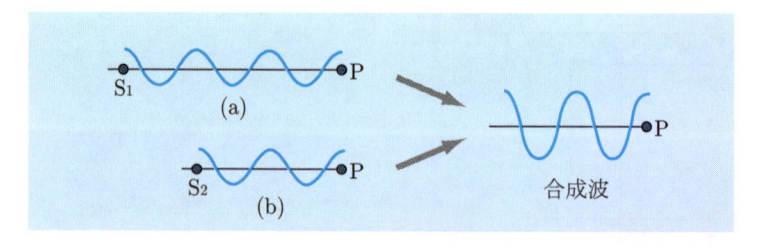

図 7.8 干渉の条件

7.3 波の性質

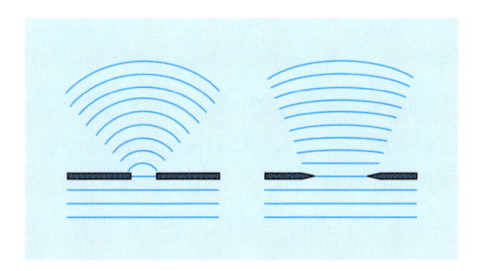

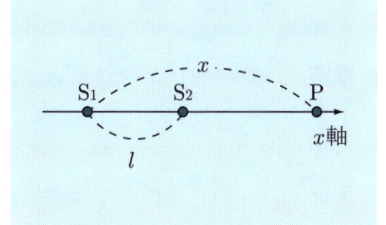

図 7.9 水面波の回折

図 7.10 S_1, S_2 から出る波

> **例題 6** x 軸上の S_1, S_2 から発する 2 つの正弦波（図 7.10 参照）を合成し，(7.10a), (7.10b) の条件を確かめよ．

解 x 軸上の波源 S_1 から出る正弦波の波動量が

$$u_1 = r \sin\left[2\pi\left(ft - \frac{x}{\lambda}\right)\right] \tag{1}$$

と表されるとする．これと全く同じ波源が S_2 にあるとし，$S_1 S_2 = l$ とおき，波動量を u_2 とする．S_2 から見ると点 P の座標は $x - l$ であり，u_2 は

$$u_2 = r \sin\left[2\pi\left(ft - \frac{x-l}{\lambda}\right)\right] \tag{2}$$

と書ける．三角関数の公式

$$\sin A + \sin B = 2 \sin\frac{A+B}{2} \cos\frac{A-B}{2}$$

を用いると，(1), (2) から $\cos(-x) = \cos x$ に注意し合成波 $u = u_1 + u_2$ は

$$u = 2r \cos\frac{\pi l}{\lambda} \sin 2\pi\left[\left(ft - \frac{x - l/2}{\lambda}\right)\right] \tag{3}$$

となる．x を固定したとき，(3) を t の関数として見れば，$2r\cos(\pi l/\lambda)$ の振幅をもつ振動数 f の単振動の式である．したがって，このことから

$$\frac{\pi l}{\lambda} = 0, \pm\pi, \pm 2\pi, \cdots$$

のとき合成波は強くなり

$$\frac{\pi l}{\lambda} = \pm\frac{1}{2}\pi, \pm\frac{3}{2}\pi, \pm\frac{5}{2}\pi, \cdots$$

のときは合成波は弱くなって，$PS_1 - PS_2 = l$ であることを使えば (7.10a), (7.10b) の条件が得られる．なお，この条件は図 7.10 から直観的に理解できる．

7.4 音 波

音波　音は物体が振動するとき，そのまわりの空気の密度が大きくなったり，小さくなったりするために空気中を広がる縦波である．この波を**音波**という．音は空気中だけでなく，水中あるいは固体中でも伝わる．気体，液体を総称して**流体**というが，流体中では縦波だけの音波が伝わる．これに反し，固体中では縦波と横波の両方の音波が可能である．地震波は地球中を伝播する音波ということができる．

横波による縦波の表現　空気中を伝わる音波は縦波で，空気の振動方向は波の進行方向と平行になる．このような縦波を表現する場合，波の進行方向への空気の変位を $+$，反対向きの変位を $-$ とし，空気の変位を横波のように表現することができる．図 **7.11** はこのような方法で空気の振動を図示したもので，これを**横波による縦波の表現**という．図からわかるように，音波の進行に伴い，空気の粗な部分と密な部分が生じるのでこの波を**粗密波**という．音源があるとそれを中心として，このような粗密波が四方八方に広がっていく．

音波の速さ (音速)　空気中の音速は気温により違う．t °C における音速 v は

$$v = (331.5 + 0.6t) \text{ m·s}^{-1} \tag{7.11}$$

と表される．通常の計算では $t = 15$ °C ととり $v = 340 \text{ m·s}^{-1}$ としてよい．空気が振動するとき，熱の出入りする余裕がないため，状態変化は断熱変化で記述される．

デシベル　音の大きさは振動の振幅と関係し，振幅の大きいほど音も大きくなる．音の大きさは音の強さ I で記述され，これは音の進行方向と垂直な単位面積の面を単位時間当たりに通過する音のエネルギーと定義される．その国際単位系での単位は W·m^{-2} である．人間の耳に聴こえる最小の音の強さ I_0 は $I_0 = 10^{-12} \text{ W·m}^{-2}$ と測定されている（これを**聴覚のしきい値**という）．常用対数を $\log$ の記号で示したとき，音の強さを $\log(I/I_0)$ という量で表すことができる．この量の単位は電話の発明者ベルにちなんでベルと呼ばれる．通常はベルの 1/10 の単位を使いこれを**デシベル** (**dB**) という．単位が 1/10 になったので，数値は 10 倍となる．すなわち，音の大きさは

$$10 \log \frac{I}{I_0} \text{ dB} \tag{7.12}$$

と書ける．聴覚のしきい値では 0 dB，静かな図書館では 40 dB，市内交通では 70 dB，ジェット機の離陸の際には 140 dB となる．

7.4 音波

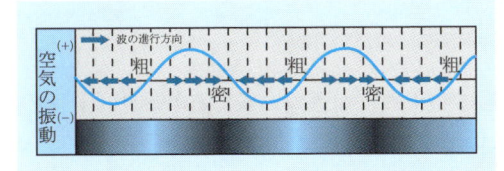

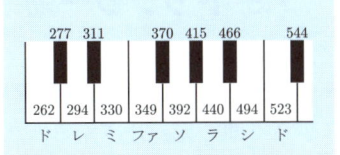

図 7.11　横波による縦波の表現　　図 7.12　平均律による振動数 (単位は Hz)

参考　楽音と騒音　音には音叉や楽器が生じる**楽音**と騒々しくやかましい**騒音**とがある。両者の違いは音色の差でこれについては下の補足で述べる。楽音は正弦波に近い波形をもち，特に音叉の発する音は正弦波である。ドレミファソラシドという音階は身近な楽音である。我が国固有の邦楽には現代音楽とは違う音階が使われているが，近代音楽の祖と呼ばれるドイツの作曲家バッハは，1 オクターブの間を 12 個の半音に等分する**平均律**を採用した。ピアノの中央のドから始まる音階のラの振動数を現在 440 Hz と決めているが，平均律では振動数を図 7.12 のようにする。ただし，小数点以下は四捨五入した。この図で 1 つの鍵盤からすぐ右の鍵盤に移ると振動数は $2^{1/12}$ 倍 = 1.05946… 倍となる。1 オクターブ上がると振動数は倍となり，12 個の半音に等分するため $2^{1/12}$ という数が現れた。平均律はあらゆる転調を可能にするため大変便利であり，近代音楽の発展の基となった。交響楽，唱歌，ジャズ，歌謡曲などはいずれも平均律に基づき作曲されている。普段はあまり気にならないが，これらの音楽はすべてバッハの平均律に基づく。

参考　音の三要素　音の性質として基本的なものは，**高さ**，**大きさ**，**音色**の 3 つでこれを**音の三要素**という。高さは振動数に依存し，振動数の大きい音ほど高い音になる。ピアノの中央のドの音の振動数は図 7.12 からわかるように 262 Hz であるが，その波長は $(340/262)$ m = 1.3 m と計算される。1 オクターブ上のドでは振動数が倍となるので波長は半分の 0.65 m，逆に 1 オクターブ下のドに対しては 2.6 m となる。このことから通常の音波の波長は m の程度であることがわかる。人間の耳に聴こえる音の振動数は，およそ 16 Hz 〜 20 kHz で，これより振動数が大きい音波は**超音波**と呼ばれる。超音波は医療などの分野で利用されている。

補足　音色　音色は波形に対応していて，図 7.13 にいくつかの楽器の波形を示す。このような図形は音の振動を電気信号に変え，それをブラウン管上に表示すれば観測される。楽器により波形の違う理由については 7.6 節で述べる

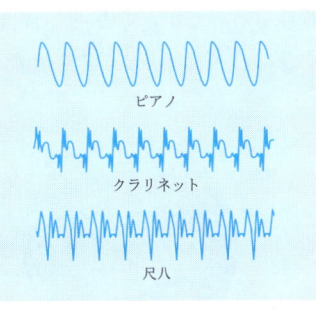

図 7.13　楽器の波形

7.5 ドップラー効果

ドップラー効果 サイレンを鳴らすパトカーが近づいてくるときサイレンの音が高く聞こえ,遠ざかるときには低く聞こえる.このように音を発するもの(音源)とそれを聞く人があるとき,音源または人,あるいはその両方が運動しているとき,人の聞く音の振動数は本来の音源の振動数と違う.これをドップラー効果という.ドップラー(1803-1853)はオーストリアの物理学者で,1842年初めてこの効果の研究をした.

音源の運動 音源が静止しているとき静止している人が聞く音の振動数を f_0 とする.f_0 は音源の振動数である.音源は点 O に静止しているとし,点 O から出た音波を考えると,単位時間たった後に,図 7.14(a) のようにこの音波は点 O を中心とする半径 v の球面上に達する.1つの山から次の山までを1つの波と数えると,A にいる人が単位時間中に観測する波の数が振動数 f_0 である.図 7.14(b) のように音源が u の速さで右向きに運動するときでも,点 O を出た音波は単位時間後に半径 v の球面上に達する.しかし,その間に音源は u だけ右に動き点 O′ に到達する.音源が動いても音源から単位時間中に出る波の数は変わらないから,結局,音源の右側の A にいる人は $v-u$ の長さの間に f_0 個の波を観測することになる.すなわち,この人の聞く音の波長は

$$\frac{v-u}{f_0} \tag{7.13}$$

と表される.(7.13) からわかるように,音源の進行方向に進む波の波長は元の波長 v/f_0 より短くなって音は高い方にずれる.音源の左側の B にいる人の聞く音の波長は $(v+u)/f_0$ となり,元の波長より長くなる.

(a) 音源静止　　　　(b) 音源が u の速さで右に運動

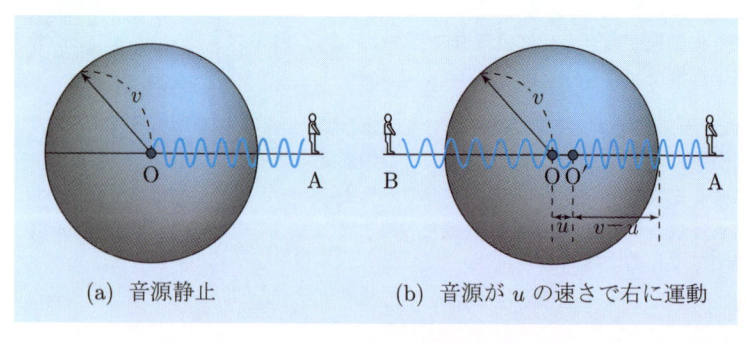

図 **7.14** 音源の運動

7.5 ドップラー効果

例題 7 音源の振動数を f_0 とする. 音源が u の速さで右向きに運動し, それと同時に人が w の速さで右向きに運動するとき, 人の観測する音波の振動数 f を求めよ.

解 図 7.15(a) に示すように, 音源が u の速さで右向きに運動するとき, 音の波長は前述のように

$$\frac{v-u}{f_0}$$

となる. w は地面に対する速さであるが, 人の聞く音の振動数を求めるには, その人の身になって考えないといけない. そこで, 人と同時に動く座標系, すなわち人が静止しているような座標系をとる. この座標系から見ると, 図 7.15(b) のように音波は相対速度 $v-w$ で右側に進むことになる. したがって, 人の聞く音波は音速 $v-w$, 波長 $(v-u)/f_0$ をもつ. この人から見ると, 音波は単位時間中に $v-w$ だけ進み, その波の波長は $(v-u)/f_0$ であるから, 人は単位時間の間に $v-w$ を波長で割った $f = f_0(v-w)/(v-u)$ 個の波を観測する. すなわち, 人の観測する音波の振動数 f は次のように表される.

$$f = f_0 \frac{v-w}{v-u}$$

補足 u, w の符号 u, w は右向きを正とした. したがって, 音源あるいは人が左向きに運動するときには上式で u あるいは w が負であるとすればよい.

参考 赤方偏移 ドップラー効果は音波だけでなく, 水面波, 電磁波など一般の波動についても生じる現象である. 可視光線のドップラー効果では, 光源 (恒星や銀河などの天体) が地球から遠ざかっていくとき, 光の波長は長くなりスペクトル線は赤い方にずれる. これを**赤方偏移**という. アメリカの天文学者ハッブル (1889-1953) は銀河の赤方偏移の観測から, 遠方の銀河は地球から遠ざかっていき, その後退速度は銀河までの距離に比例するという法則を発見した. この比例定数はハッブル定数である. この法則は膨張宇宙や宇宙の創成に関するビッグバンの根拠を与えた. 1990 年, アメリカが打ち上げた望遠鏡はハッブルの名前を記念してハッブル宇宙望遠鏡と命名されている. 地球の大気の影響を受けないので天体の高解像の撮影が可能となる.

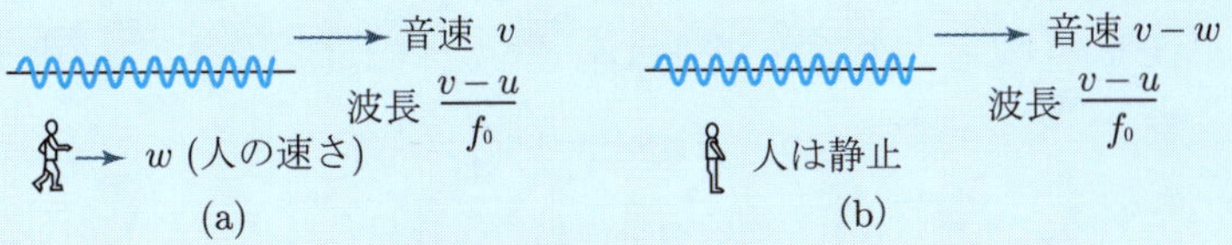

図 7.15 ドップラー効果

7.6 定常波

弦の横振動 進行波に対し，空間を進まない波を**定常波**または**定在波**という．バイオリンやギターの発する音は定常波の一例である．一般に太さの一定な針金あるいは糸に張力を加え両端を固定したものを**弦**という．弦を弾くと，両端が節となるような横波の定常波ができる．これを**弦の横振動**という．弦の長さを L とし，弦に沿って x 軸をとり，一方の端を $x=0$ と選べば，すべての時刻 t に対し波動量 φ は

$$\varphi = 0 \quad (x = 0,\ x = L) \tag{7.14}$$

を満たさねばならない．$x=0, x=L$ を**固定端**という．

固有振動 上記の (7.14) の条件を満たす定常波の波動量は

$$\varphi_n = r_n \sin \frac{n\pi x}{L} \sin (\omega_n t + \alpha_n) \tag{7.15}$$

と表される．n は $n=1,2,3,\cdots$ で与えられ，(7.15) はすべての t に対し (7.14) を満たす．x を固定したとき φ は単振動を行うが，振幅 r，角振動数 ω，初期位相 α は n に依存し，$\omega_n = n\pi v/L$ である．ここで v は弦を伝わる音波の速さである．(7.15) のような振動を**固有振動**という．図 **7.16** に示すように，$n=1,2,3$ に対応する固有振動をそれぞれ**基本振動，2 倍振動，3 倍振動**という．2 倍振動，3 倍振動の振動数は基本振動の振動数の 2 倍，3 倍となる．このような振動でもっとも大きく振動するところは腹，つねに静止しているところは節である．

気柱の縦振動 適当な方法で管内の空気を振動させると，管内に空気の縦波が発生する．これを**気柱の縦振動**という．フルート，尺八などは気柱の縦振動を利用した楽器である．この場合，管内に口で空気を吹きこんで振動を起こす．

閉管 一端を閉じ，他端を開いた管を**閉管**という．この場合には，閉じた端はふさがっているので，そこでは振動は起こらず，よって閉端は振動の節となる．一方，開いた端は振動の腹となる．したがって，管の長さを L とすれば，もっとも振動数の小さい振動は図 **7.17** に示したようになり，基本振動の波長 λ_1 は $\lambda_1 = 4L$ と書ける．このため，気柱の音速を v とすれば，基本振動の振動数 f_1 は

$$f_1 = \frac{v}{\lambda_1} = \frac{v}{4L} \tag{7.16}$$

で与えられる．一般に n 個の節のある振動の振動数 f_n は次のようになる(例題8)．

$$f_n = \frac{v}{4L}(2n-1) \qquad (n=1,2,3,\cdots) \tag{7.17}$$

$n=2,3$ に対応する振動を 3 倍振動，5 倍振動という (図 **7.17**)．

7.6 定常波

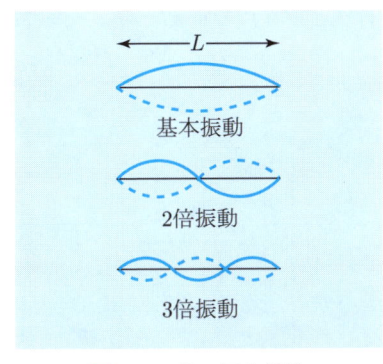

図 7.16 弦の固有振動
基本振動 / 2倍振動 / 3倍振動

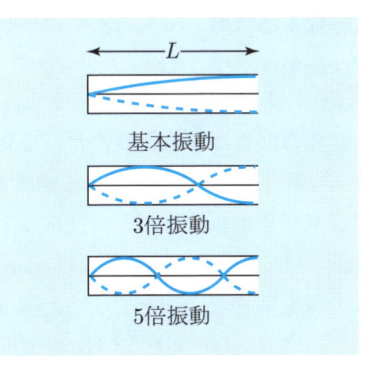

図 7.17 閉管中の振動
基本振動 / 3倍振動 / 5倍振動

例題 8 閉管の固有振動で n 個の節がある場合を考える．この振動数は (7.17) のように表されることを示せ．

解 図 7.18 を参考にすると
$$(n-1)\frac{1}{2}\lambda_n + \frac{1}{4}\lambda_n = L$$
が得られる．これから λ_n は
$$\lambda_n = \frac{4L}{2n-1}$$
となり，波の基本式 $v = \lambda_n f_n$ を使えば (7.17) が導かれる．

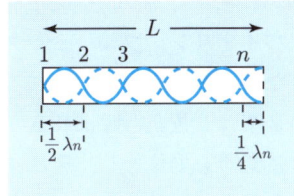

図 7.18 n 個の節がある場合

参考 共鳴 閉管の開いた端に音さを近づけ，図 7.19 のようにピストンを動かし管の長さを変えると，ある長さのところで大きな音が生じる．これは音さの振動数がちょうど閉管の固有振動数と一致し，管内に気柱の定常波ができたためである．この現象を **共鳴** という．管の口から L_1, L_2 の距離のところで共鳴が起こったとすれば $\lambda/2 = L_2 - L_1$ が成り立つ．音さの振動数を f とすれば
$$f = \frac{v}{\lambda} = \frac{v}{2(L_2 - L_1)}$$

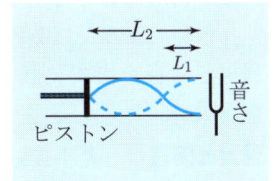

図 7.19 共鳴

と書ける．f がわかっていれば L_1, L_2 の測定によって音速 v が求まる．

一般に物体にはその物体に固有な振動数があり，外部振動の振動数がこれと一致すると，物体の振動ははげしくなる．これを **共振** という．地震波の振動が建物に固有な振動と共振すると，被害は大きくなる．巨大な吊り橋が風と共振して壊れてしまった例もある．時として，共振は思わぬ災害を招くことがある．

人の発する音声　人の出す声は会話を行うという点で重要である．人により，声が高かったり，低かったり，大きかったり，小さかったり，澄んだ声だったり，しゃがれ声だったり，千差万別である．これらの性質は音の三要素という立場から理解できる．人は声帯の振動によって音声を発生させる．その音声は単に会話だけでなく，声楽に使われる．プロの声楽家の場合，男性で 80 〜 470 Hz，女性で 200 〜 1050 Hz の範囲の音を出すことができる．バス，バリトン，テノール，アルト，ソプラノと呼ばれる人の音声の音域を図 7.20 に示す．

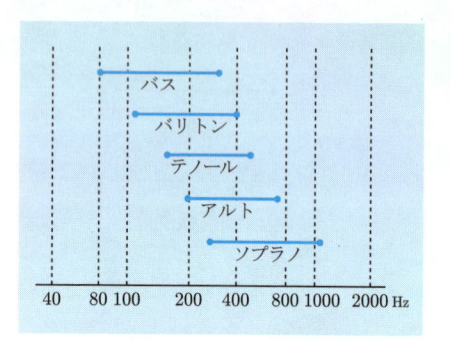

図 7.20　人の声の振動数範囲
（「物理のトビラをたたこう」，阿部龍蔵，岩波ジュニア新書，2003）

いろいろな楽器　我が国古来の楽器として三味線，琴，尺八があるし，交響曲ではバイオリン，フルート，クラリネットなど多数の楽器が使われる．これらの音楽は管弦楽と呼ばれるが，一般には弦楽器を主体とし，それに管楽器，打楽器などが付け加わったものである．それらの弦楽器，管楽器はこれまで論じてきた弦の振動，空気の振動などを利用し音を発生させている．また，太鼓のような打楽器は膜の振動を利用して音を出す装置である．いくつかの代表的な楽器の振振動数範囲を図 7.21 に示した．

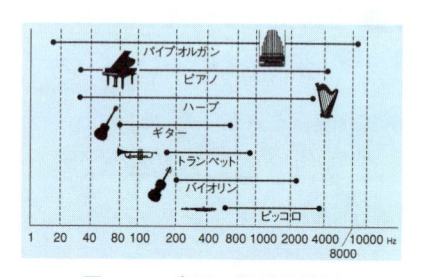

図 7.21　楽器の振動数範囲
（「物理のトビラをたたこう」，阿部龍蔵，岩波ジュニア新書，2003）

基音と倍音　基本振動に対応する音を基音，その 2 倍，3 倍，… の振動数をもつ正弦波を **2 倍音**，**3 倍音**，… という．図 7.12（p.95）で説明したように，ピアノの中央のドの振動数は 262 Hz であるが，その波形は正弦波と多少違っている．それは，ピアノのドがドの基音とこれの 2 倍音，3 倍音，… の混合した音（**協和音**）として表されるためである．一般に，基本と倍音の混ざり具合によって，その楽器の音色が決まる．逆に，基本と倍音の混合状態を電気的に実現すれば，その楽器の音が再現できる．キーボードは実際，このような方法でピアノ，バイオリン，ギターなどの音を発することが可能である．

7.6 定 常 波

補足 声帯模写 声帯模写という言葉はあまり使われず，どちらといえば死語に近いが，広辞苑第5版には次のような説明が出ている．

> （漫談家古川緑波の造語）芸能人・政治家その他有名人または鳥獣などの声を模倣する演芸．

我が国には古来「声色」という芸能があったが，声帯模写はそれと等価で，最近は単に物まねと呼ばれている．家電製品の量販店の抽選で電気時計があたったが，この時計では12時になると12回ベルが鳴る代わりに野鳥の鳴き声がする．午前6時から午後9時まで時刻に応じて，カッコウ，フクロウ，スズメなどの声が聞こるが，本物そっくりの音を発するのは現代の電子技術の得意技といえる．ある人とほとんど寸分違わない声を出す技に驚かされることがある．このような物まね名人は，人間の出す声の波形を忠実に再現する，電子技術に劣らない技術の持ち主といえよう．

=== 格子力学とソリトン ===

著者は旧制度最後の教育を受けたが，大学はいまと違い三年制である．大学の三年生になったとき毎週土曜日の午前中に「物理学演習」という授業を受けた．最近の物理学の発展を先生方，同級生に理解していただくことを目的とした．材料は最新の論文で，この授業は来るべき学会発表や研究室発表の準備となっていた．著者に与えられたテーマは格子点の振動に関するもので，こんにちではこの分野は格子力学と称せられる．適当な結晶系を想定し，振動数分布を求めた論文で，現代では電子計算機を用いあっという間に答えが求まるであろう．

上記の仕事の場合には，方程式の性質から u_1, u_2 が方程式の解であれば $u_1 + u_2$ も方程式の解（合成波）であることを想定している．これを**波の重ね合わせの原理**という．(7.5) (p.88) はこの原理を表している．また，このような原理が成立するとき元の方程式を**線形**という．波動の振幅が小さいとき線形の範囲内で物理現象を十分説明できる．しかし，振幅が大きくなると非線形効果がきいてくる．この種の非線形効果は電子計算機で処理され，粒子のように振る舞う波動の解が1965年に発見された．これを**ソリトン**という．語源は孤立波を意味する solitary wave に由来する．1968年に京都で開催された統計力学の国際会議でこの方面の研究発表を聞いた覚えがある．厳密にいうと，空間的に局在した波が

(1) 形や速度などを変えず伝わる，
(2) 互いの衝突に対して安定である，

という2つの性質をもつときその波をソリトンという．機密保持のコマーシャル用語としてソリトンという言葉が使われているが，本当にソリトンの意味がわかっているかは疑問である．ちなみに，高校物理や大学物理で学ぶ物理は主として線形の現象を扱っている．非線形の現象は大学院クラスの課題というべきであろう．

演習問題
第7章

1. 例題2（p.89）で扱った正弦波の場合，$t = (1/60)$ s，$x = 10$ cm における変位の値は何 cm か．
2. ホイヘンスの原理を利用し反射の法則を導け．
3. ホイヘンスの原理を利用し屈折の法則を導け．
4. 2つの媒質が図 7.22 のように面 S を境に接している．媒質 1 の波の速さを v_1，媒質 2 の波の速さを v_2 とする．媒質 1 中の点 O から出て斜めに面 S に入射し，さらにその波が進んで面 S′ に入射した．波の進行方向が面 S および面 S′ となす角を θ_1，θ_2 として次の問に答えよ．ただし，面 S′ は面 S に平行であるとし，また点 O から面 S，S′ に下ろした垂線の足をそれぞれ A，B とする．

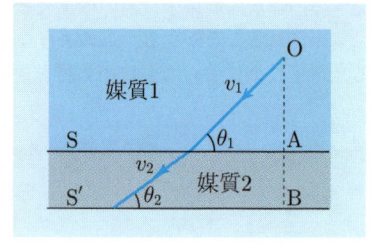

   図 7.22 波の屈折

   (a) v_1，v_2，θ_1，θ_2 の間の関係式を示せ．
   (b) 点 B から 2.46 m 離れたところで θ_2 を測定した結果，$\cos\theta_2 = 12/13$ を得た．OB $= 1.2$ m，AB $= 0.4$ m とすれば，v_1/v_2 の値はいくらか．
5. 30 °C における音速を求めよ．
6. デシベルに関する次の性質を導け．
   (a) 音の強さが 2 倍になると 3 dB だけ増える．
   (b) 音の強さのレベルが 10 dB 増すごとに，音の強さは 10 倍ずつ増加する．
7. 地下鉄車内の音のレベルは 90 dB である．このときの音の強さを求めよ．
8. 1000 Hz のサイレンを鳴らしながら時速 40 km で走行するパトカーがある．パトカーが近づくとき，あるいは遠ざかるときのサイレンの振動数は何 Hz か．
9. 時速 144 km の速さで走っている列車に乗っている人が，汽笛を鳴らしながら走ってくる列車の振動数と，すれ違った後の汽笛の振動数とを測定したところ，振動数の比は 3 : 2 であった．すれ違った列車の速度はいくらか．ただし，音速を 340 m·s^{-1} とし，どちらの列車にも加速はないとする．
10. 音源の速さが音速を超えるとする．このとき，音波はどのような運動を行うかについて論じよ．
11. 両端が開いた管を**開管**という．管の両端には何も障害物がないから，そこでの振動はもっともはげしくなる．すなわち，管の両端は腹となる．この点に注意し，長さの開管の固有振動数を求めよ．

第8章

光

　宇宙は放射と物質から構成されているが，光は一種の放射で電磁波に属する波動と考えてよい．光の本質に対しては粒子説，波動説があったが，現在では光を波であり同時に粒子であると考えている．このような光の本質を論じることは本書より進んだ段階と思えるので，この問題には深入りしない．しかし，次のようなことが知られている．光を波と考えたとき，その波長は日常的な物体と比べ極めて短いので光を光線として扱うことができる．光の反射や屈折などをこのような立場から論じる．光線の進む方向を決めるには幾何学的な規則があり，このような光の学問を幾何光学という．幾何光学の簡単な応用例はメガネやカメラなどであるが，このような例からわかるように，光は日常生活と密接な関係をもつ．このような関係を象徴するものとしてレンズの性質を学ぶ．顕微鏡，望遠鏡，カメラなどの光学器械などはレンズを利用した器具であるが，両者の関係について触れる．光を電磁気学の立場から電磁波とみなし波動の立場で扱うのは第9章で行うこととし，本章では幾何学の観点から光を扱う．

本章の内容

8.1　光　線
8.2　レ　ン　ズ
8.3　レンズの公式
8.4　光　学　器　械

8.1 光線

光学 光に関する学問を**光学**という．光は電磁波の一種なので光は波としての性質，すなわち反射，屈折，干渉，回折などを示す．光が波であるという立場の光学を**波動光学**という．光の波長は通常の物体の大きさよりはるかに小さいため，波長を0とみなし，波としての性質を忘れることもできる．この場合には波の進む線，すなわち射線だけを考慮すれば十分である．光の射線を**光線**，光線の振る舞いを幾何学的に扱う立場を**幾何光学**という．

光の反射・屈折 図 8.1 に示すように，物質1と物質2の境界面が平面で AO という入射光線があたると，一部分は OB のように反射され，残りは OC のように屈折して進む．平面に対する法線を考えると，入射光線，反射光線，屈折光線，法線はすべて同一平面内にある．また，図のような入射角 θ，反射角 θ' を定義すると反射の法則は

$$\theta = \theta' \tag{8.1}$$

と書ける．また屈折の法則は

$$\frac{\sin\theta}{\sin\varphi} = \frac{c_1}{c_2} = n \tag{8.2}$$

となる．上式で c_1, c_2 はそれぞれ物質1, 2中の光速で，n を物質1に対する物質2の**屈折率**という．特に真空に対する屈折率を**絶対屈折率**という．物質1, 2の絶対屈折率を n_1, n_2 とし，真空中の光速を c とすれば

$$c_1 = c/n_1, \quad c_2 = c/n_2 \tag{8.3}$$

と書け，次の関係が成り立つ．

$$n = n_2/n_1 \tag{8.4}$$

乱反射 光線が (8.1) の反射の法則に従う場合を**正反射**という．通常の物体の表面には細かい凹凸が無数にあり，このためその表面を平面とみなすことはできない．しかし，入射点のごく近傍を考えると，それを近似的に平面とみなせる．反射の法則はこの平面に対して成り立ち，図 8.2 のように，でこぼこな表面からの反射光はあらゆる方法に散らされて進む．この種の反射を**乱反射**という．

逆進性 光がある点 P から他の点 Q へ進むとき，光は逆の道筋を通って点 Q から点 P へ進むことができる．これを光の**逆進性**という．例えば，図 8.1 で CO に進む光線は境界面で屈折して OA に進む．

8.1 光線

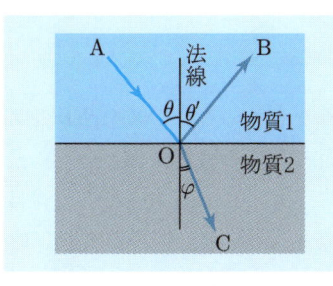

図 8.1 光の反射と屈折

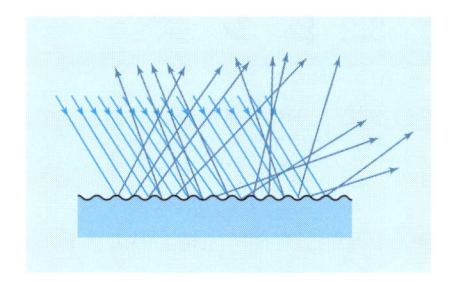

図 8.2 光の乱反射

例題 1 空気に対する水の屈折率は 1.33 である．空気中から水中へ入射角 50° で光が入射するときの屈折角 φ を求めよ．

解 $\sin 50° = 0.766$ であるから $\sin \varphi = 0.766/1.33 = 0.576$ となる．したがって，φ は $\varphi = 35.2°$ と計算される．

例題 2 光の屈折のため，水中の魚を上から見ると少し浮き上がっているように感じる．光の逆進性を利用し，深さ H にある水中の魚を真上から見たとき，見かけ上の深さは $h = H/n$ であることを示せ．ただし，n は空気に対する水の屈折率である．

解 図8.3のように深さ H のところにいる魚 C を考える．C から出た光は空気と水との境界面上の点 O を通って人の眼 A に達するとする．光の逆進性によって $\sin\theta/\sin\varphi = n$ が成立する．空気中にいる人は OA に進む光を見るため，魚の位置は OA を延長し C' のところにあるように感じる．このため，見かけ上，魚の深さが浅くなったように感じる．魚を真上から見るときには，O を魚の真上の点 O' に近づければよい．この極限では θ も φ も 0 に

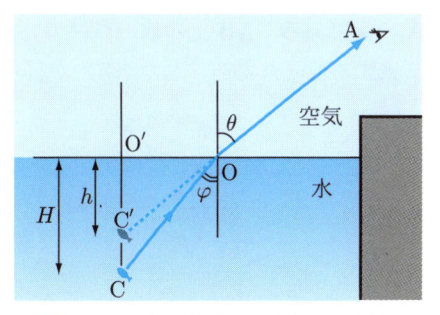

図 8.3 水中の物体の見かけ上の深さ

近づき，$\sin\theta \simeq \theta$, $\sin\varphi \simeq \varphi$ という近似式が適用できる．図からわかるように $h\tan\theta = \mathrm{OO'}$, $H\tan\varphi = \mathrm{OO'}$ であるが，θ, φ が小さければ $\tan\theta \simeq \theta$, $\tan\varphi \simeq \varphi$ としてよい．こうして

$$\frac{H}{h} = \frac{\tan\theta}{\tan\varphi} \simeq \frac{\theta}{\varphi} \simeq \frac{\sin\theta}{\sin\varphi} = n$$

となり，上式から $h = H/n$ が得られる．$n = 4/3$ であるから，例えば 1 m の深さの魚は見かけ上 $100/(4/3)$ cm $= 75$ cm の深さに見える．

8.2 レンズ

凸レンズ 中央部が厚く周辺にいくほど薄くなっているレンズを凸レンズという．また，レンズの中心を通り，レンズの面と垂直な線を光軸という．凸レンズに光軸と平行な光線をあてると，図 8.4 に示すように，すべての光線はレンズを透過した後，光軸上の１点 F を通る．点 F を焦点，レンズの中心 O と F との間の距離を焦点距離という．図 8.5 のように光線が物質 1 から平板状の物質 2 に入り物質 2 の中を透過して，再び物質 1 に出るときを考える．図 8.5 から明らかなように入射光線と透過光線とは平行になる．平板の厚さが十分薄いと入射光線はそのまま直進し物質 1 に出るとみなせる．このため図 8.4 で O を通る任意の光線はそのまま直進すると考えてよい．一般に，光線はレンズを通過する際，厚い方に曲げられる．

光線の経路 上述の凸レンズの性質を利用すると，レンズに光線をあてたとき，光線の経路を幾何学的に作図できる．図 8.6 のように光軸に垂直な物体 AB があるとしたとき，点 A を出て光軸と平行に進む光線はレンズを通過した後，点 F を通り直線 C のように進む．一方，点 A を出てレンズの中心 O を通る光線はそのまま直進し直線 D のように進む．直線 C と直線 D との交点 A′ が点 A の像である．AB 上の他の点について同様な考察を行うと結局 AB の凸レンズによる像として倒立した A′B′ が得られる．

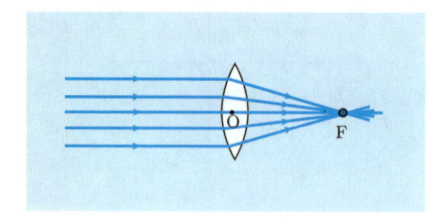

図 8.4 凸レンズの焦点

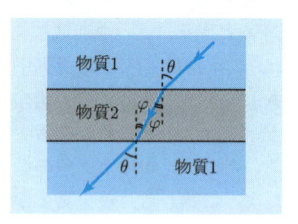

図 8.5 平板を通過する光

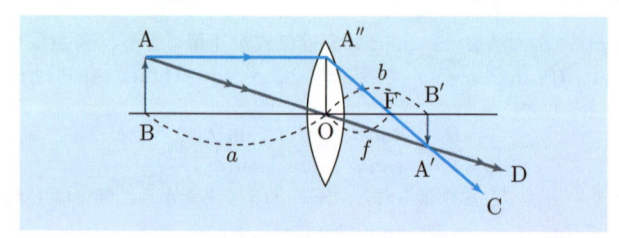

図 8.6 凸レンズを通る光線の経路

目とカメラ

　生物の目はデジタルカメラ（デジカメ）と同様の構造をもつ．というか，デジカメは目をモデルにして作られた，という方が適切かもしれない．目の水晶体は凸レンズとなっていて，目に入る光は水晶体で屈折され網膜上に実像を結ぶ（図 8.7）．網膜には視細胞があり，受けとった情報を電気信号に変えて脳に送り視覚が生じる．網膜のところにフィルムをおくと写真がとれる．これはカメラの原理である．そういう点で通常のカメラはアナログ的な存在といっても差し支えないであろう．

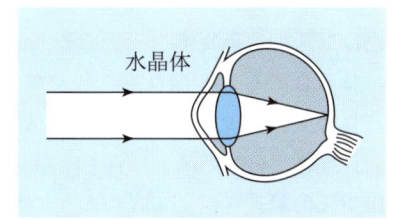

図 8.7　目の構造

　著者の子供時代，写真や映画は白黒であった．その頃，諸外国ではカラー映画が実用化されていた．ナチスドイツのヒトラー，真珠湾攻撃の際の記録などがカラー映像として残っている．「風と共に去りぬ」は 1939 年に封切られたカラー映画の大作であるが，戦前日本には入荷されていなかった．著者は 1959 年から 2 年間アメリカで研究生活を送っていたが，カメラやムービーのフィルムは原則としてカラーであった．さすがにテレビはまだカラー化しておらず，白黒テレビが主流であった．当時，カラー映画は天然色映画と呼ばれた．しかし，いつのまにかカラーという言葉が定着してきた．1953 年テレビ放送が開始された後，しばらくは白黒テレビであった．カラー放送が本格的に始まったのは 1960 年からである．前述のように著者は 1959 年から 2 年間アメリカに滞在したが，この期間にとった写真はすべてカラーで総計 600 枚程度である．現在の進んだ技術を使うとこれらは 1 枚の切手サイズの SD（Secure Digital）カードに収まってしまう．第 9 章で述べるように，色は光の波長に対応するが，実際には，物体の色は赤，緑，青の 3 原色の配合で決まる．目は色を識別できるが，これに関するヘルムホルツの 3 原色説がある．視神経の中には 3 原色に反応する部分があり，この 3 原色説は実験的にも確かめられている．

　かつて，カメラは光学器械で，レンズの絞りとかシャッタースピードを決めるのに勘と経験に頼っていた．カメラが出現した当時は露出時間を長くする必要があり，人物をとるとき，その間は人は動かないよう努めたという話である．光電効果を利用した自動露出計の出現はこれらを自動的に決めることを可能にした．現在ではカメラは一種の電子機器である．視細胞に相当して画素が存在し，画素は光の強弱，色に関する情報などを半導体製の受光素子 CCD（Charge-Coupled Device）によってデジタルな電気信号に変えている．これらの信号を画像として表現されるのがデジカメの原理である．人間の目は 600 万の画素に相当するといわれるが，この程度の画素をもつデジカメが開発されている．

8.3 レンズの公式

凸レンズによる実像　図 8.6 (p.106) で A′B′ のところにフィルムを置けば，物体 AB の写真が撮れることとなり，これが前ページのコラム欄でも述べたようにカメラの原理である．この A′B′ は AB から出た光が実際に集まる像を表し，**実像**と呼ばれる．

レンズの公式　図 8.6 のように点 O から物体までの距離を a，点 O から像までの距離を b，焦点距離を f とすると

$$\frac{1}{a} + \frac{1}{b} = \frac{1}{f} \tag{8.5}$$

が成り立つ．これを**レンズの公式**という．この公式を導くため，図 8.6 において △ABO と △A′B′O は相似である点に注意する．これから

$$\frac{AB}{A'B'} = \frac{a}{b} \tag{8.6}$$

である．薄いレンズを考えれば A から引いた光軸に平行な線とレンズとの交点を A″ としたとき，A″ は O の鉛直上方にあるとみなせる．△FB′A′ と △FOA″ は相似で A″O = AB であるから

$$\frac{AB}{A'B'} = \frac{f}{b - f} \tag{8.7}$$

と書ける．(8.6), (8.7) から $\frac{b}{a} = \frac{b}{f} - 1$ となり，これから (8.5) が導かれる．(8.5) で $a > f$ だと $b > 0$ でこの場合の像が実像である．これに反し，(8.5) で $a < f$ だと $b < 0$ となって，このときの像を**虚像**といい，あたかも虚像から光が出ているように感じる．虫眼鏡（拡大鏡）で物体が大きく見えるような場合には，虚像からの光線を観測することになる．

凹レンズ　中央が周辺より薄いレンズを**凹レンズ**という．近眼の人が視力を補正するような場合，凹レンズの眼鏡を利用する．凹レンズでは光軸に平行な光線はレンズを通過した後，あたかも点 F から出発したように振る舞う（図 8.8）．この点 F を凸レンズと同様，**焦点**と呼び，レンズの中心 O から F までの距離を**焦点距離** f という．光軸上，O から等しい距離に 2 点の焦点が存在するのは凸レンズと同様である．レンズの公式で $f \to -f$ とすれば凹レンズの結果が求まる（例題 3）．凸レンズ，凹レンズともにレンズの公式で記述されるが，a や b の符号には注意する必要がある．これについては右ページの参考を見よ．

8.3 レンズの公式

例題 3 図 8.8 に AB という物体の発する光線が凹レンズを通るときの経路が示されている．この場合，a, b, f の間に成り立つ関係を導け．

解 $\triangle$ABO と $\triangle$A′B′O は相似であるから

$$\frac{\text{AB}}{\text{A}'\text{B}'} = \frac{a}{b} \tag{1}$$

が成り立つ．また，$\triangle$FB′A′ と $\triangle$FOA″ は相似で A″O = AB であるから

$$\frac{\text{AB}}{\text{A}'\text{B}'} = \frac{f}{f-b} \tag{2}$$

と書ける．(1), (2) から

$$\frac{1}{a} - \frac{1}{b} = -\frac{1}{f} \tag{3}$$

となる．上式は (8.5) で $a \to a, b \to -b, f = -f$ とおいた結果と一致する．

例題 4 レンズの公式 (8.5) で凸レンズの場合を考え $f > 0$ とする．$a > 0$ として b を a の関数として図示せよ．

解 f を固定し a を無限大にすると $b = f$ となる．a を小さくし a が f に近づくと b は次第に大きくなり $a = f$ で $b = \infty$ となる．a が f より小さいと b は負となり $a = 0$ で $b = 0$ と書ける．したがって，b を a の関数として図示すると図 8.9 のように表される．例えば $f = 10$ cm, $a = 30$ cm のとき b は $b = \dfrac{30 \times 10}{30 - 10}$ cm = 15 cm と計算される．

参考 レンズの公式 レンズの公式 (8.5) は符号を含め，一般に凸レンズ，凹レンズの場合に成り立つ．すなわち，a は入射光線の進む向きと反対向きを正とし，b は入射光線の進む向きを正とする．また，凸レンズのときには $f > 0$ とし，凹レンズのときには $f < 0$ とすればよい．

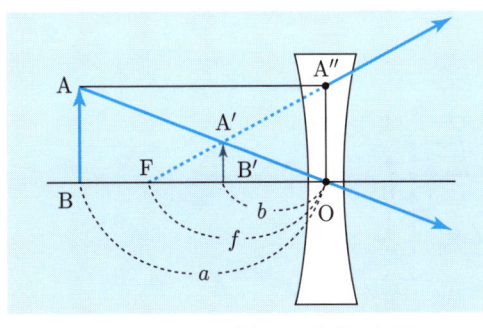

図 8.8 凹レンズを通る光線の経路

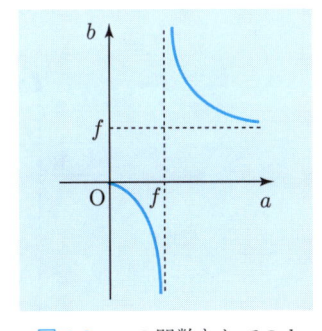

図 8.9 a の関数としての b

虫眼鏡（拡大鏡）　a が f より小さいと b は負となり，物体の虚像はレンズに対し物体と同じ側に生じる．$b < 0$ が成立するので $b = -|b|$ とおくと，交線の進み具合は図 8.10 で示される．焦点は光軸上に 2 点ありレンズの中心 O から焦点に至る距離はともに等しく焦点距離 f である．この場合，小さなものを拡大して見ることができるので，それを**虫眼鏡**という．

倍率　物体 AB をレンズを通して見ると A′B′ のようになる．この種の問題を扱うとき目の**明視距離**を導入すると便利である．明視距離とは疲れずに物体をもっともよく見える距離で約 25 cm とされている．以下，この明視距離を D と書く．物体の虚像が明視距離 D のところにできたとし，明視距離にある物体を直接見たときの視角を ω，虫眼鏡を通して見たときの視角を ω' とする．この場合

$$m = \frac{\tan \omega'}{\tan \omega} \tag{8.8}$$

で定義される m を**倍率**という．目を虫眼鏡につけて見る場合には図 8.10 からわかるように，△OAB と △OA′B′ とは相似であるから

$$m = \frac{\text{A}'\text{B}'}{\text{AB}} = \frac{D}{a} \tag{8.9}$$

である．一方，レンズの公式から

$$\frac{1}{b} = \frac{1}{f} - \frac{1}{a}, \quad \frac{1}{|b|} = \frac{1}{a} - \frac{1}{f} \quad \therefore \quad \frac{1}{a} = \frac{1}{f} + \frac{1}{|b|}$$

と書け，$|b| = D$ に注意すれば

$$m = \frac{D}{f} + 1 \tag{8.10}$$

となる．目をレンズの焦点において見るときには，例題 5 で学ぶように倍率として D/f が得られる．このように，虫眼鏡の倍率は目の位置によって多少異なるが，ふつうは $D \gg f$ であるので，虫眼鏡の倍率は D/f であるとしてよい．

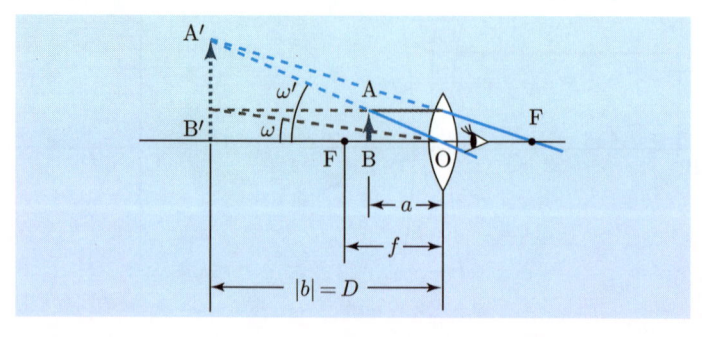

図 8.10　虫眼鏡（目をレンズにつける場合）

8.3 レンズの公式

例題 5 虫眼鏡で物体を拡大するとき目を虫眼鏡の焦点において見るとする．このときの倍率は

$$\frac{D}{f}$$

であることを示せ．ただし，D は明視距離，f は焦点距離である．

解 図 8.11 のように視角 ω, ω' を定義すると (8.8) と同様，倍率 m は

$$m = \frac{\tan\omega'}{\tan\omega}$$

で定義される．図のように目の位置を点 E とすれば $\mathrm{A'B'} = \mathrm{EB'}\tan\omega'$, $\mathrm{AB} = \mathrm{EB'}\tan\omega$ となり，したがって

$$m = \frac{\mathrm{A'B'}}{\mathrm{AB}}$$

が成り立つ．$\triangle\mathrm{OAB}$ と $\triangle\mathrm{OA'B'}$ とは相似であるから

$$\frac{\mathrm{A'B'}}{\mathrm{AB}} = \frac{|b|}{a}$$

と書ける．一方，レンズの公式 (8.5) (p.108) により

$$\frac{1}{a} - \frac{1}{|b|} = \frac{1}{f} \quad \therefore \quad m = \frac{|b|}{f} + 1$$

となる．図から $D = |b| + f$ で，$m = D/f$ が導かれる．

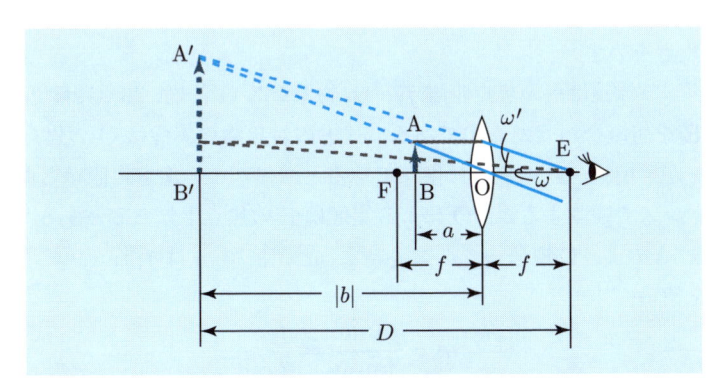

図 8.11 虫眼鏡（目をレンズの焦点におく場合）

参考 **色収差** 単純な凸レンズを使うと 9.2 節で述べる光の分散のため，実物とは異なる色がついてしまう．これを**色収差**という．色収差を除くにはクラウンガラスの凸レンズとフリントガラスの凹レンズとを組み合わせたレンズを用いる．それを**色消しガラス**という．光学器械のレンズは，この種の色消しレンズであると思ってよい．

8.4 光学器械

幾何光学の応用　光の反射や屈折は幾何光学で理解される．このような幾何光学の応用例は鏡，眼鏡，カメラ，顕微鏡，望遠鏡，ビデオカメラなど多種多様があり，これらを**光学器械**という．

カメラ　凸レンズによって対称物の実像を作り，この映像をフィルム上に記録するというのがカメラの原理である．1枚のレンズでは，球面収差や色収差があるので実際の写真レンズでは，何枚かのレンズを組み合わせて，広い範囲の視野が鮮明にうつるよう工夫してある．最近のカメラは光学機械というより電子機器といった方が適当であろう．

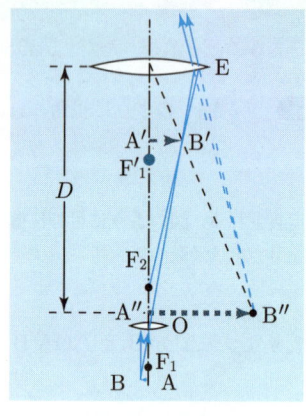

図 **8.12**　顕微鏡

顕微鏡　顕微鏡は**対物レンズ**，**接眼レンズ**という2種類の凸レンズ系から構成されている．図 **8.12** のように，物体 AB は焦点距離の小さな対物レンズ O の近くに置かれ，拡大された実像 A′B′ ができる．これを接眼レンズ E でさらに拡大して虚像 A″B″ として明視距離 D に見る．図で F_1, F_2 は O の焦点，$F_1′$ は E の焦点を表す．

望遠鏡　望遠鏡は長い焦点距離 f_1 の対物レンズ O と短い焦点距離 f_2 の接眼レンズ E を組み合わせたものである．遠方の対象物の実像は O の焦点 F 近傍に生じるが，簡単のため焦点に像ができるとする．この像を虫眼鏡と同じ原理で接眼レンズで観測するが，O による実像は E の焦点上にあるとする．この結果，図 **8.13** のように視角 ω, ω' を定義すると，倍率 m は $f_1 \tan\omega = f_2 \tan\omega'$ の関係を使い

$$m = \frac{\tan\omega'}{\tan\omega} = \frac{f_1}{f_2} \tag{8.11}$$

となる．この種の望遠鏡は**ケプラー式望遠鏡**と呼ばれている．できる像は倒立像であるがこの望遠鏡は天体望遠鏡に適している．その理由は天体望遠鏡では像の正立か，倒立かは観測結果に関係ないからである．

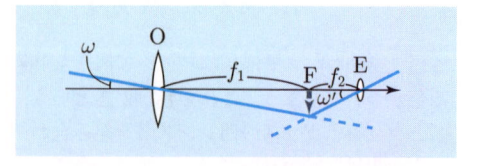

図 **8.13**　望遠鏡

8.4 光学器械

例題 6 焦点距離 40 cm の対物レンズと焦点距離 0.8 cm の接眼レンズから構成される望遠鏡の倍率を求めよ．

解 (8.11) を使い，望遠鏡の倍率は

$$\frac{40}{0.8} \text{倍} = 50 \text{倍}$$

と計算される．

参考 **光学顕微鏡と電子顕微鏡**　光は波であるから，その波長より小さな物体は認識できない．2004 年から 1000 円札のデザインとして使われている野口英世の最期は悲劇的で，黄熱病の研究中，この病気に感染し，ついには一生を閉じることになってしまった．野口英世は，黄熱病の病原体を突き止めようとして不眠不休の努力を払った．しかし，残念ながら病原体を発見することはできなかった．これは野口英世の努力が足りなかったためではなく，病原体が小さすぎて当時のどんな高倍率の顕微鏡を使っても見えなかったという事情による．

現在では黄熱病の病原体は知られていてウイルスの一種である．ウイルスの代表例はタバコモザイク病の病原体で，図 8.14 のような構造をもつ．すなわち，このウイルスは幅 15 nm，長さ 300 nm 程度の大きさである．可視光の波長は 0.4 μm から 0.8 μm でこれを nm に換算すると $1\,\mu = 10^3$ nm を用いて 400 nm から 800 nm となる．

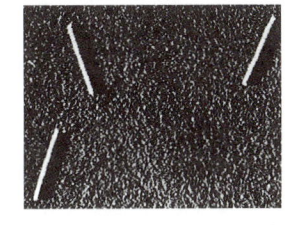

図 8.14　タバコモザイク病ウイルス

光学顕微鏡の限界は意外な方面から破られた．電子は波の性質をもつことが明らかとなり，これを利用した顕微鏡が作られた．電子は電荷をもつため，電場や磁場内で進む向きが変えられ，光がレンズで曲げられるのと同じような性質をもつ．これを利用した電子レンズが作られ，1932 年に電子顕微鏡が実用化された．現在では，電子を加速する電圧も 100 万 V 程度にでき，倍率も 2 万倍から 150 万倍に高めることができる．図 8.14 はこの種の電子顕微鏡を使った写真である．近年，nm というスケールの技術が発達し**ナノテクノロジー**と呼ばれている．電子顕微鏡はこの方面でも欠かせない観測手段である．

補足 **ガリレイ式望遠鏡**　対物レンズに凸レンズを，接眼レンズに凹レンズを用いた望遠鏡を**ガリレイ式望遠鏡**という．ガリレイ（1564-1642）はイタリアの学者で 1609 年望遠鏡を製作した．ガリレイ望遠鏡は正立像が得られるが，視野が狭く現在ではオペラグラスなどに使われる．ガリレイは自身の作った望遠鏡を使い，月のクレーターの存在，木星の 4 大衛星，土星の輪などを発見した．

演習問題 第8章

1. 厚さ 5 mm, 屈折率 1.50 のガラスの板を新聞紙にのせたとする. 新聞の記事を読むとき, ガラス板の見かけの厚さは何 mm となるか.
2. 空気に対する水の屈折率は 1.33 である. 空気中から水中に入射角 60° で光が入射する場合の屈折角を求めよ.
3. 屈折率 1.50 のガラスの中での光の速度は何 $\mathrm{m \cdot s^{-1}}$ となるか. また, 真空中での波長 500 nm の光のこのガラス中における振動数および波長はいくらか.
4. 水中の光源 P から発した光が空気中に屈折される場合 $\theta > \varphi$ が成り立つので, 角 φ がある値 φ_c に達すると θ は $\pi/2$ となる (図 8.15). φ が φ_c より大きいと $\sin\theta > 1$ となって, これを満たす θ は存在しない. そのため, 光源 P から出た光は空気中に出ることなく, 境界面で全部反射される. この現象を**全反射**, 角 φ_c を**臨界角**という. 臨界角と屈折率との関係を導け.

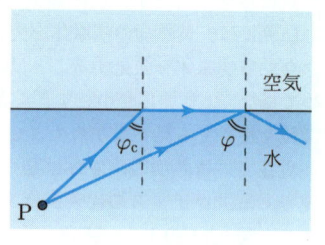

図 8.15 全反射と臨界角

5. 近視の人が凹レンズの眼鏡をかける理由を述べよ.
6. 焦点距離 30 cm の凸レンズから 90 cm 離れたところに物体を置いたとき物体の像とレンズ間の距離を求めよ.
7. ある凸レンズで物体とレンズとの距離が 45 cm のとき, 物体の実像が距離 15 cm のところに生じた. レンズの焦点距離は何 cm か.
8. 焦点距離 20 cm の凸レンズの前方 15 cm のところに, 光軸に垂直に長さ 2 cm の物体がある [図 8.16(a)]. 像の位置, 倍率, 正立倒立の別, 実像虚像の別, 像の大きさを求めよ. また, 同図 (b) で示すように, 同じ焦点距離の凹レンズの場合にどうなるかについて解答せよ.

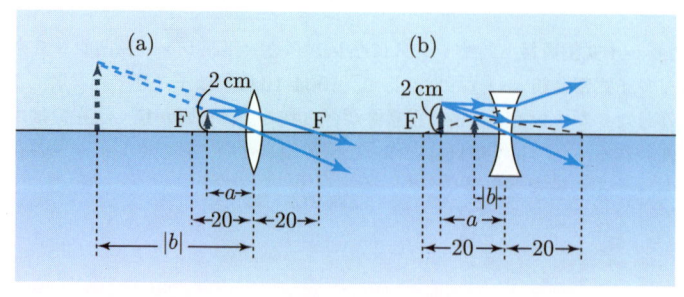

図 8.16 (a) 凸レンズ (b) 凹レンズ

第9章

光と電磁波

　光は電磁波の一種であり，波長 $0.38\ \mu m$ から $0.77\ \mu m$ までの一群を表す．電磁波はその波長によっていくつかの種類に分類され，大さっぱにいって波長 10^{-4} m 以上の電磁波は電波で，波長がそれより短いと赤外線，可視光線，紫外線，X線，γ 線に分類されている．光の場合，その屈折率は波長に依存しこれを光の分散という．光は電磁波という一種の波動であるから第7章で学んだような干渉と回折の現象を示す．光の干渉に関するヤングの実験を紹介する．また，光が波動であることを簡単に見る実験について述べる．水面に浮かぶ油の薄膜やシャボン玉が色づいて見えるのは，光の干渉と光の分散のためであるが，このような現象を学ぶ．電磁波の特徴の1つとして偏波があり，光の場合には偏光と呼ばれる．偏光は立体映画などに利用される．

本章の内容

- 9.1　電磁波の分類
- 9.2　光 の 分 散
- 9.3　光の干渉と回折
- 9.4　薄膜による干渉
- 9.5　偏波と偏光

9.1 電磁波の分類

電磁波　電磁波は第7章で触れた波動の一種で，それは波の速さ，波長，周波数（振動数）などで記述される．z 軸に進行する正弦波の電磁波の場合，ある瞬間での電磁波の様子を図 9.1 に示す．すなわち，電場 E は x 方向，磁場 H は y 方向に生じ，時間がたつにつれ全体のパターンが矢印の向きに光速で進んでいく．電磁波の進む速さは波長によらず一定で，ほぼ毎秒 30 万 km $= 3 \times 10^8$ m の程度で音波に比べ百万倍も速い．正確には，真空中の光速は

$$c = 299\ 792\ 458 \text{ m}\cdot\text{s}^{-1} \tag{9.1}$$

と定義され，s や m を決める基礎となっている．波長 λ，周波数 f の電磁波では

$$c = \lambda f \tag{9.2}$$

の関係が成り立つ．光は右ページに示すように電磁波の一種である．

電磁波の分類　宇宙は物質と放射から構成される．放射とは電磁波で，これは身のまわりにあふれた存在である．電磁波は波長の大きさにより図 9.2 のように分類される．ここで 10^{-4} m 以上の波長をもつ電磁波が**電波**で，英字による呼び方は国際電気通信条約無線規定に基づいている．電波のうち**中波**，**短波**はラジオに使われている．ラジオ放送は 1920 年にアメリカで，日本でも 1925 年（大正 15 年）に始められた．VHF, UHF はテレビや携帯電話に利用される．可視光の領域は 0.38 μm の紫色から約 0.77 μm の赤色の範囲だが，その限界および色の境界には個人差がある．可視光より波長が長く 10^{-4} m までの波長をもつ電磁波を**赤外線**，**遠赤外線**という．赤外線は物質に吸収されその温度を上げるような熱作用が大きいので，別名，熱線とも呼ばれる．赤外線はまたテレビのリモコンなどに使われる．可視光線より短い波長をもつ電磁波は図 9.2 のように，**紫外線**，**真空紫外線**，**X 線**，**γ 線**などと呼ばれる．

マイクロ波　波長が 10^{-4} m から 1 m の範囲をもつ電磁波を**マイクロ波**といい，著者の学生時代から花形の分野で同名の講義があったくらいである．マイクロ波は日常生活と密接に関係している．例えば，電子レンジの電波の周波数は国際的に 2.45 GHz（1 GHz $= 10^9$ Hz）と決められていて，これを波長に換算すると約 12 cm となる（例題 1）．また，携帯電話では 800 MHz（波長約 38 cm）帯または 1.5 GHz（波長 20 cm）帯のマイクロ波が利用されている．カーナビはアメリカ国防省の衛星システム GPS（Global Positioning System）を利用して，周波数 1575.42 MHz（波長約 19 cm）のマイクロ波を使っている．

9.1 電磁波の分類

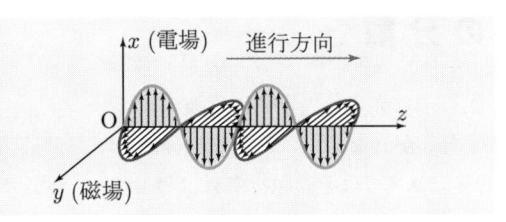

図 9.1 電磁波

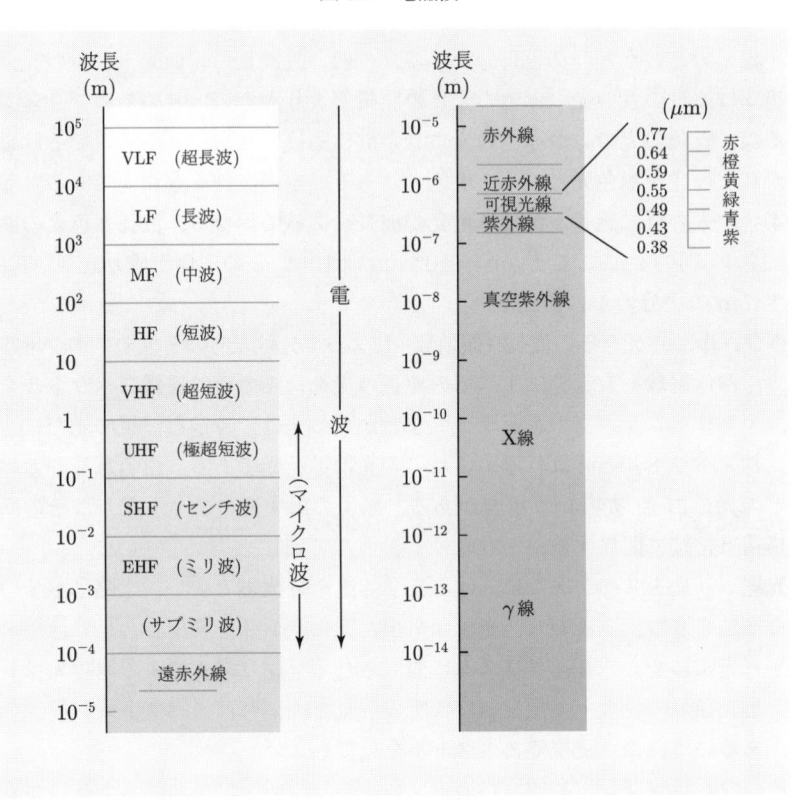

図 9.2 電磁波の分類

例題 1 電子レンジに利用される 2.45 GHz のマイクロ波の波長を求めよ．

解 (9.2) を使い波長 λ は次のように計算される．

$$\lambda = \frac{3 \times 10^8}{2.45 \times 10^9} \text{ m} = 0.12 \text{ m}$$

9.2 光の分散

分散 物質の屈折率は光の色（正確には波長）によってわずかではあるが異なる．これを光の**分散**という．例えば，石英ガラスではその屈折率 n は表 9.1 のような波長依存性を示す．太陽光線をプリズムにあてると，図 9.3 のように光は赤・橙・黄・緑・青・藍・紫という虹の 7 色に分かれる．一般に，波長の短い光（青色の光）の屈折率は波長の長い光（赤色の光）の屈折率より大きい．このためプリズムを通る際，青色の光の方が赤色の光より余計に曲げられる．プリズムでそれ以上分かれない光を**単色光**という．単色光はある一定の波長をもつ光であると考えてよい．人の目に感じる色は単色光の波長によって異なる．波長と色との関係を図 9.4 に示す．ここで $1~\mu m = 10^3$ nm $= 10^{-6}$ m の関係が成り立つ．$1~\mu m$ は 1 mm の千分の 1 にあたる．

表 9.1 石英ガラスの屈折率

光の波長 (nm)	n
589.3	1.4585
404.7	1.4597
214.4	1.5359

スペクトル 光をその波長（振動数）によって分けたものを光の**スペクトル**という．白色電球や太陽光はすべての波長の光を含んでいて**連続**スペクトルを示す．ナトリウムランプや水銀ランプなどからの光は，特定な波長の光だけをもち，**線**スペクトルと呼ばれる．これらの光は単色光である．白色電球や太陽光などの光を**白色光**という場合がある．原子の出す光のスペクトルはその原子の構造と密接に関係する．

分光器 光をスペクトルに分ける光学装置を**分光器**といい，大略図 9.5 のような構造をもつ．すなわち，光源から出た光はレンズを利用したコリメーターで平行光線に変えられ，プリズムに照射される．プリズムによる屈折光はレンズで集光されて乾板上で像を結び，その写真を調べればスペクトルが観測される．あるいは直接，眼視でスペクトルを見てもよい．

ナトリウムランプ 高速道路のトンネルなどの照明に使われる**ナトリウムランプ**は黄色の光で，運転手の注意を引く．この言葉は元来，和製英語であるが，ナトリウムランプはナトリウム蒸気中で放電するときに発光する橙黄色の光を利用している．この光は **D 線**と呼ばれ，その光を分光器で調べると波長がそれぞれ 589.0 nm と 589.6 nm のごく接近した単色光から構成されることがわかる．このようなスペクトルを**二重線**という．ナトリウムの D 線はナトリウム原子の構造と関係していることがわかっている．このような光の構造を研究する分野を**分光学**という．

9.2 光の分散

図 9.3　プリズムによる光の分散

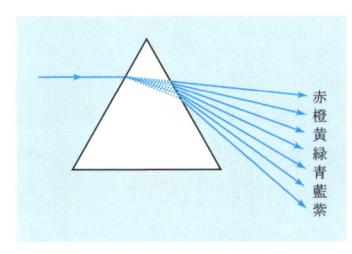

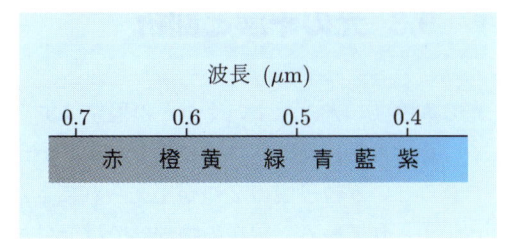

図 9.4　波長と色との関係

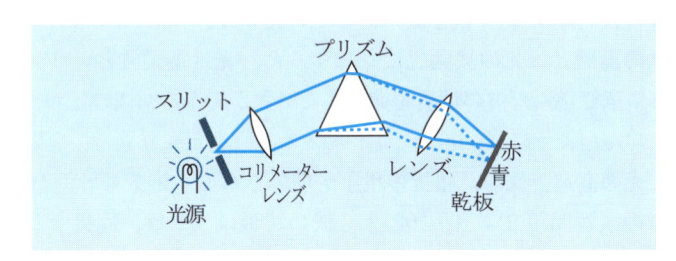

図 9.5　分光器

参考　虹の7色　虹の7色を覚える1つの方法は図 9.4 で示した色の名前を音読し，「せき・とう・おう・りょく・せい・らん・し」とすることである．著者は中学校の物理の時間でこの覚え方を教わって以来，60年余りの年月がたつが，この間忘れたという記憶はない．口調がよく一旦覚えてしまえば忘れることはむしろ不可能である．虹の7色というのは万国共通ではないらしい．イギリス，アメリカ，フランスでは6色，ドイツでは5色で虹の7色は日本人の色彩感覚が優れているという話であるが，その真偽はあまりはっきりしない．

補足　水滴と虹　雨上がりに太陽光が水滴で散乱され，これが虹の原因となる．日光があたっているとき水まきをすると小規模な虹が発生し，7色が観測される．

　水滴を大量に発生するのは滝である．著者は 1959 年から 2 年間にわたりアメリカに滞在した．ナイアガラ滝はいつでも行けるだろうと思っているうち，ついに機会を逸してしまった．1973 年に飛行機からナイアガラ滝を見る機会があったが，高過ぎて虹は見えなかった．1961 年の春にワシントン D.C. でアメリカ物理学会が開催された．これに出席した後，当時立教大学教授だった会津氏とその奥さんと著者との3人でケンタッキー州のグレートスモーキーという国立公園にドライブ旅行することにした．ブルーリッジパークウェーという観光道路を使ったが，著者の記録によると 1961 年 4 月 29 日にケンタッキー州のカンバーランド滝を訪問した．当時 8 mm フィルムでその様子を映画に撮ったが，最近 8 mm フィルムを VHS に変換できることに気づいた．その映像を見ると虹がしっかり写っている．

9.3 光の干渉と回折

光の本性 光の示すいくつかの現象はすでにギリシア-ローマ時代から知られていた．古来，光はある種の波であるという波動説と，大きな速さをもつ粒子であるという粒子説の 2 つが唱えられてきた．ニュートンは粒子説を支持したと伝えられている．現在の物理学では光は波であると同時に粒子であると考える．この問題については本書では深入りしないが，このようないわば二重人格的な性格は現代科学の 1 つの特徴であるといえよう．

ホイヘンスの原理 光の波動説に立脚すると，光は電磁波という一種の波であるから第 7 章で学んだ波の性質を適用することができる．波の伝わりについては 7.3 節で学んだように（p.90），ホイヘンスの原理が成り立つ．実際，この定理を使って光の直進，反射，屈折の現象が理解される［第 7 章の例題 5（p.91）および同章の演習問題 2, 3（p.102）］．波の特徴は，干渉，回折などの現象であり，光がこれらの性質を示すという事実により，それが波動であることが明らかにされた．以下，光の干渉，回折を中心にして話を進めていく．

ヤングの実験 1807 年，イギリスの物理学者ヤングは光の干渉実験を行った．この実験は，光が波であることを実証したものとして物理学史上著名である．図 9.6 にヤングの実験の概略を示す．光源 L から出た光はスリット S を通り，2 つの接近した平行なスリット S_1, S_2 で 2 つに分けられる．すべてのスリットは紙面の垂直な方向で十分長く，またスリット自身は十分狭いとする．$S_1S_2 = d$ とおき，SC は S_1S_2 の垂直二等分線とし，スクリーン AB 上の点 P で光を観測したとする．また，図のように，S_1 あるいは S_2 とスクリーンとの距離を D とおく．さらに，$SS_1 = SS_2$ とし，光は S_1, S_2 で同じ状態であるとする．もし S_1, S_2 に独立な光源をおけばこれらの光源の位相は互いに無関係であるから干渉は起こらない．同じ光源から出る波を 2 つに分けた点にヤングの実験の巧妙さがある．

干渉じま ここで $D \gg d$ とすれば，S_1P と S_2P とはほぼ平行であるとみなせる．そのような前提で点 P での合成波の様子を考える．$S_2P - S_1P = \lambda$ だと波が強め合い明線が観測される．一般に，上の関係の右辺は λ の整数倍でよいのでスクリーン上に明暗のしま模様が観測される（例題 2）．このようなしまを**干渉じま**という．干渉じまの定性的な図は図 9.7 に示してある．

9.3 光の干渉と回折

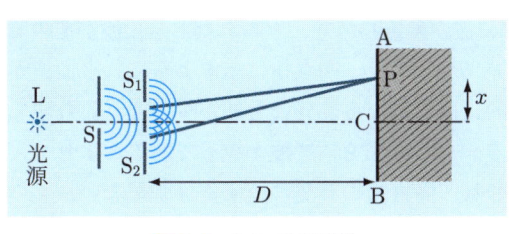

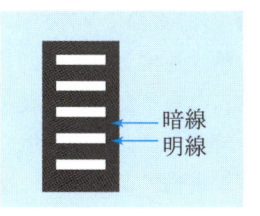

図 9.6 ヤングの実験

図 9.7 干渉じま

補足　ヤングの功績　ヤングは光の干渉実験で有名だが，ヤング率はヤングが導入したものである．彼は質量 m が速さ v で運動しているときの運動エネルギーを mv^2 としたが，いまから考えると 1/2 の係数だけ違っていた．

例題 2　ヤングの実験でスクリーン AB 上で点 P を表す座標を図 9.6 のように x とする．明線あるいは暗線が観測される条件を導き，明線と次の明線の間の間隔 Δx を光の波長 λ と d および D の関数として求めよ．

解　図 9.6 において $D \gg d, D \gg |x|$ と仮定しているので

$$S_1 P = \left[D^2 + \left(x - \frac{d}{2} \right)^2 \right]^{1/2} = D \left[1 + \frac{(x-d/2)^2}{D^2} \right]^{1/2}$$

$$\simeq D \left[1 + \frac{(x-d/2)^2}{2D^2} \right] = D \left[1 + \frac{x^2 - xd + d^2/4}{2D^2} \right]$$

となる（図 9.8）．$S_2 P$ を求めるには上式で $d \to -d$ とおけばよい．すなわち $S_2 P$ は

$$S_2 P \simeq D \left[1 + \frac{x^2 + xd + d^2/4}{2D^2} \right]$$

と表される．こうして

$$S_2 P - S_1 P \simeq \frac{d}{D} x$$

が得られる．上式が $0, \pm\lambda, \pm 2\lambda, \cdots$ なら合成波は山と山，谷と谷が重なり明るくなる．逆にこれが $\pm\lambda/2, \pm 3\lambda/2, \pm 5\lambda/2, \cdots$ だと山と谷が重なり合成波は暗くなる．このようにして

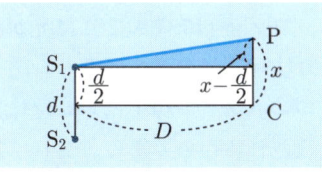

図 9.8　$S_1 P$ の計算

$$x = \frac{nD}{d} \lambda \qquad (n = 0, \pm 1, \pm 2, \cdots) \quad \cdots \text{明線} \qquad (1)$$

$$x = \frac{(2n+1)D}{2d} \lambda \qquad (n = 0, \pm 1, \pm 2, \cdots) \quad \cdots \text{暗線} \qquad (2)$$

という条件が得られる．(1) で n が 1 だけ変わるとすれば，干渉じまでの明線間の間隔 Δx は次式のように書ける．

$$\Delta x = \frac{D\lambda}{d} \qquad (3)$$

回折　7.3節で学んだように，波が障害物でさえぎられたとき，波がその障害物の陰に達する現象が回折(かいせつ)である（p.92）．図 9.9 に示すように，平面波が障害物にあたったとき，幾何学的には影になる部分にも波が少し回りこむ現象が回折でこれは波動の特色である．もし図 9.9 で波が粒子であるとすれば，粒子は障害物により垂直に反射され，障害物の裏側に達するはずがない．このような点で回折は波の特徴であるといえよう．可視光を電磁波の立場で考えたとき，図 9.2（p.117）で示したように，その波長範囲は 0.38 μm から 0.77 μm の程度である．大ざっぱにいって光の波長は 10^{-6} m のオーダーで通常の物体の大きさに比べ圧倒的に小さい．このため，通常，回折は起こらず光は直進するとしてよい．しかし，物体の大きさが波長程度になると回折の効果が効いてくる．次の例がその事情を表す簡単な実験である．

光の回折像　上述のように，光は波長は 10^{-6} m の程度であるから，光の回折を確かめるにはこの程度の隙間から光を覗けばよい．そのための簡単な方法は，右手と左手の人差指を密着させ，指と指との間から外界をのぞくことである（図 9.10）．指と指とが完全に密着していれば外のものは何も見えない．しかし，隙間を少しあけると外の様子が見えてくる．それと同時に隙間に沿って平行に並ぶ何本かの暗い線が見えるはずである．このしま模様は回折像を表し，光が波であることの1つの証拠である．器具は何も必要としないので，ぜひ試みてほしい．このような回折はフラウンホーファーの回折と呼ばれる．フラウンホーファー (1787-1826) は光が波であるという立場に立って，細いスリットを通り抜ける光の像を研究し，透過光に暗い線があることを示した．また，太陽光のスペクトル線中に暗い線に見つかっているが，これは光が太陽中の大気に吸収されるためである．これはフラウンホーファー線と呼ばれている．

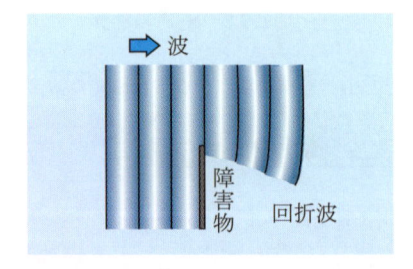

図 9.9　回折

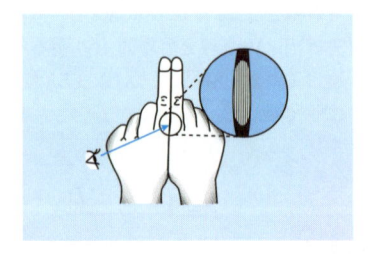

図 9.10　指と指との間からの回折像

詩人野口雨情と作曲家中山晋平

広辞苑には野口雨情（1882-1945）に関する次のような記述がある．詩人．名は英吉．茨城県生れ．早大中退．大正時代の民謡・童謡作家として有名．作「波浮の港」「十五夜お月さん」「証城寺の狸囃子」など．同様に中山晋平（1887-1952）について次のように載っている．作曲家．長野県生れ．東京音楽学校卒．「カチューシャの唄」のほか「東京行進曲」「波浮の港」などの流行歌，「証城寺の狸囃子」などの童謡作曲で大衆に親しまれた．さらに Wikipedia には上記以外に野口雨情の作詞として，「七つの子」「赤い靴」「青い目の人形」「シャボン玉」「こがね虫」「あの町この町」「雨降りお月さん」「船頭小唄」などがある．また，中山晋平の作曲として「シャボン玉」「てるてる坊主」「あめふり」「証城寺の狸囃子」「こがね虫」「あの町この町」「背比べ」「鞠と殿様」「砂山」「東京音頭」などが載っている．

野口・中山のコンビには上記の記事からわかるように数々のヒットが生まれた．ここでは光の分散や干渉と関係のある現象をしてシャボン玉をとりあげよう．童謡「シャボン玉」は読者の誰もがご存じであろう．その歌詞は

   シャボン玉とんだ　屋根までとんだ　屋根までとんで　こわれて消えた
   シャボン玉消えた　とばずに消えた　うまれてすぐに　こわれて消えた
   風　風　吹くな　シャボン玉とばそ

となっている．歌詞の後半の「うまれてすぐにこわれて消えた」というのは，作詞者の実際の経験を語っているという話をどこかで聞いたことがある．すなわち，野口雨情の子が生まれてすぐに死んでしまったという悲しい物語りである．

広辞苑によるとシャボン玉とは石鹸を水に溶かし，その水滴を細い管の一方の口につけ，これを他方の口から吹いて生じさせる気泡とある．また，日光に映じて美しい色彩を呈する，と書いてある．1677 年（延宝 5）頃，初めて江戸でシャボン玉屋が行商して流行になったそうである．

シャボン玉の膜厚は薄い．長さの単位として nm を使うことにすると，その大きさは数 100 nm であると評価されている．可視光は色によって波長が違い，この点については 9.2 節で述べたが，可視光の波長範囲は 380 nm ～ 770 nm となっている．この範囲はシャボン玉の膜厚と同程度で波長 λ と膜厚 d との間には $\lambda \simeq d$ という関係が成り立つ．次節で学ぶが，薄膜があると，膜の一面で反射された光と膜の他面で反射された光とが干渉して強めあったり弱めあったりする．また，太陽光はいろいろな波長の光を含むために虹と同じようにシャボン玉の干渉では色がつく．膜厚が厚いとシャボン玉自身は丈夫でうまれてすぐに消えることはないが，膜を通っている間に光は減衰してしまい干渉を起こすことはない．このようなことからわかるように，水面に浮かぶ油の薄膜やシャボン玉が色づいて見えるのは，光の干渉と光の分散のためである．

9.4 薄膜による干渉

光路差　光の干渉を一般的に論じる場合，図 7.8（p.92）を見直し，次の点に注意しておく．この図で S_1, S_2 から出た波が点 P で強め合う様子を表し，S_2P と S_1P との距離の差が波長 λ であるが，これを次のように考えてもよい．波の山から次の山（1 波長分）を 1 つの波と数えれば，**(a)** には 2 つの波，**(b)** には 3 つの波が含まれている．このように，同じ位相で出発した 2 つの波が違った経路を進みある点に到達したとき，その経路中に含まれる波の数の差が整数なら合成波は明るくなる．これを念頭に入れ，同図 **(a)** の波は空気中（屈折率は 1 としてよい），**(b)** の波は屈折率 n の物質中を進むとしよう．屈折率 n の物質中では光速が c/n となり振動数は変わらないから，波長が λ/n となる．このため，合成波の明暗は単なる距離の差では決まらず，むしろ波の数の差で決まる．空気中で光が距離 L だけ進むときその中の波の数は L/λ，屈折率 n の物質中で光が距離 L だけ進むときその中の波の数は Ln/λ となる．すなわち，波の数という観点からいうと，屈折率 n の物質中では波長は変わらず，その代わり距離の n 倍に相当する空気中を光が進んだと考えてよい．距離を n 倍したものを**光学距離**，光学距離の差を**光路差**という．以上の考察からわかるように，干渉の条件として同じ位相で出発した 2 つの波の光路差に対し次の関係が成り立つ．

$$光路差 = \begin{cases} \lambda \text{ の整数倍} & \cdots \text{明} \\ (\lambda/2) \text{ の奇数倍} & \cdots \text{暗} \end{cases} \quad (9.3)$$

光学的な疎密　屈折率の小さな物質を**光学的に疎**，屈折率の大きな物質を**光学的に密**という．空気は疎で，ガラスは密である．光学的に密な物質では光の伝わる速さは小さくなる．極端な場合として，屈折率を無限大と仮定すれば，光速は 0 となってしまい，その物質中に光が入らなくなる．このため外から光をあてたとき，境界面で波動量は 0 となる．したがって，境界で入射波がそのまま折り返されて反射されるのではなく，山は谷として，谷は山として反射され図 **9.11** のように反射波が入射波を打ち消さねばならない．ところで，一般に $\sin(\alpha + \pi) = -\sin\alpha$ が成り立つので，反射波の位相は入射波と比べ π（半波長分）だけずれることになる．以上の議論を一般化すると，光が 疎 → 密 へ進むとき，反射光の位相は π だけずれるが，密 → 疎 の場合には位相のずれが起こらない．また屈折光ではこのような位相のずれは起こらない．このような位相のずれと (9.3) を利用すれば，一般に光の干渉を論じることができる．

9.4 薄膜による干渉

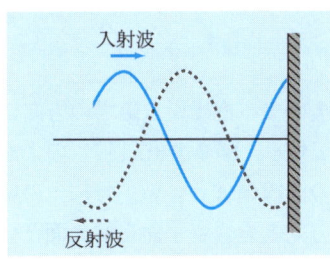

図 9.11 入射波と反射波

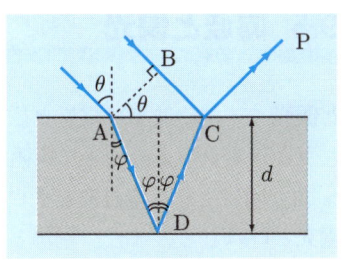

図 9.12 薄膜による干渉

例題 3 厚さ d, 屈折率 n の薄膜があるとし, $n>1$ とする. 図 9.12 のように空気中から平行光線（波長 λ）が入射したとして, 光の干渉を論じよ.

解 AB という波面では光の位相は同じであるが, 直接 C で反射され B → C → P に経路をとる光と薄膜の中を通り A → D → C → P という経路をとる光に対する光路差を考える. 両者の光で C → P の部分は共通であるから

$$\text{光路差} = n(\text{AD} + \text{DC}) - \text{BC} \tag{1}$$

となる. $\text{AD} = \text{DC} = d/\cos\varphi$ を用いると $\text{AD} + \text{DC} = 2d/\cos\varphi$ である. また $\text{BC} = \text{AC}\sin\theta = 2d\tan\varphi\sin\theta$ の関係と屈折率 n に対する $n = \sin\theta/\sin\varphi$ を使うと

$$\text{BC} = 2d\tan\varphi\sin\theta = 2d\tan\varphi\, n\sin\varphi = 2nd\frac{\sin^2\varphi}{\cos\varphi} \tag{2}$$

が得られる. (1), (2) から

$$\text{光路差} = \frac{2nd}{\cos\varphi} - \frac{2nd\sin^2\varphi}{\cos\varphi} = 2nd\cos\varphi \tag{3}$$

となる. 図 9.12 で B → C → P と進む波では光学的に疎なところから光学的に密なところへ光が入射するので位相は π だけずれる. あるいは, 波長に換算すると $\lambda/2$ だけずれたのと同等になる. これ以外に位相変化はないから (3) により次のように書ける.

$$2nd\cos\varphi = \begin{cases} 0,\ \lambda,\ 2\lambda,\ 3\lambda, \cdots & \cdots \text{暗} \\ \dfrac{\lambda}{2},\ \dfrac{3\lambda}{2},\ \dfrac{5\lambda}{2}, \cdots & \cdots \text{明} \end{cases} \tag{4}$$

例題 4 例題 3 で $d = 200$ nm, $n = 1.33$, $\lambda = 500$ nm とする. 明線が 1 本生じるとして入射角 θ を求めよ.

解 (4) の条件から $\varphi = 19.9°$ と計算され（演習問題 7), この場合の θ は

$$\frac{\sin\theta}{\sin\varphi} = n$$

の関係から $\sin\theta = 1.33 \times 0.340 = 0.452$ となる. その結果 $\theta = 26.9°$ と計算される.

9.5 偏波と偏光

偏波と偏光　電磁波では電場と磁場は垂直で，電場から磁場の方向に右ネジを回したときネジの進む向きに電磁波は伝わる．図 9.1（p.117）のように，電場が x 軸方向に生じる電磁波をその方向の**直線偏波**といい，特に光の場合には**直線偏光**と呼ばれる．また，電場と進行方向とを含む平面を**偏光面**という．自然光では，電場の振動方向は波の進行方向と垂直な面内でまったくでたらめである（図 9.13）．したがって，自然光はある特定な方向の直線偏光というわけではない．

偏光板　偏光板という特殊な板があり，図 9.14 のように自然光を偏光板にあてると，透過した光は偏光板に特有な方向の直線偏光となる．偏光板にはある種の軸が付随しており，自然光を偏光板にあてるとこの軸に沿った偏光となる．この軸を**偏光軸**という．

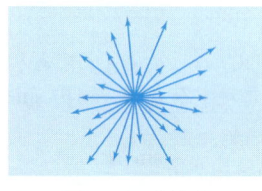

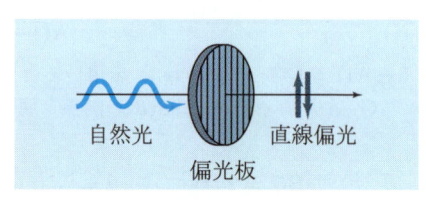

図 9.13　自然光

図 9.14　偏光板

2 枚の偏光板　2 枚の偏光板 A, B の偏光軸を平行にしたとき［図 9.15(a)］と両者を直角にしたとき［図 9.15(b)］反対側を見ると，図のように明暗のパターンが観測される．これは偏光板は偏光軸に平行な直線偏光は通すが，両者が垂直だと透過させないためである．

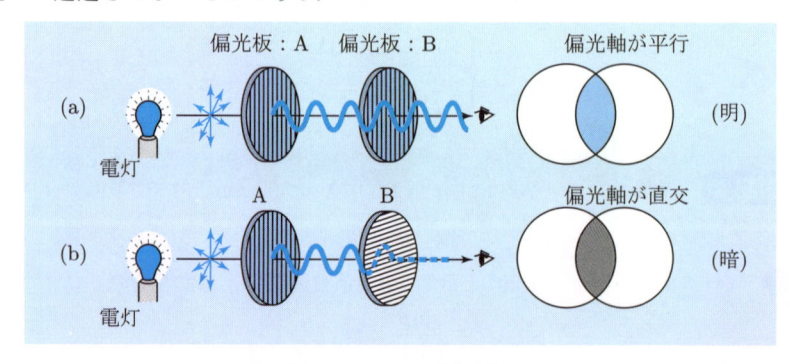

図 9.15　2 枚の偏光板

補足　立体映画の原理　人が物体を見て立体として認識するのは右目で見る像と左目で見る像とが若干違うためである．そこで右目で見る光を上下方向の直線偏光，左目で見る光を水平方向の直線偏光として映画を撮り，それに相当する偏光板の眼鏡で映画を見ると立体感が得られる．これは，いわゆる立体映画の原理である．

参考　旋光性　物質中を直線偏光が通過するとき，偏光面を回転させるような物質の性質のことを**旋光性**という．図 9.16 に示すように，z 軸の正方向に進む光に対し，時計まわり（負の向き）の場合を**右旋性**，逆に反時計まわり（正の向き）の場合を**左旋性**という．磁場を加えたときにも偏光面が回転するが，これを**ファラデー効果**という．旋光性は磁場がなくても起こる現象で，その点を明確にするため自然旋光という用語も使われる．タンパク質のように左旋性のものばかり，核酸のように右旋性のものばかりが偏在することが知られている．

> **例題 5**　x, y, z 軸に沿う単位ベクトル（大きさ 1 のベクトル）を**基本ベクトル**といい，i, j, k と表す．k 方向に進む電磁波に対し次式
> $$E = iE_0 \cos\omega t + jE_0 \sin\omega t$$
> の電場は，xy 面上で正の向きに円を描くような光であることを示せ（図 9.17）．これを**円偏光**という．また，xy 面上で負の向きの円偏光はどのような式で表されるかについて論じよ．

解　上式から電場の x, y 成分は
$$E_x = E_0 \cos\omega t, \qquad E_y = E_0 \sin\omega t$$
と書ける．t が 0 から増加し $\omega t = 0, \pi/2, \pi, 3\pi/2, 2\pi$ となると，E は図 9.17 で A → B → C → D → A と点 O を中心とする半径 E_0 の角速度 ω の等速円運動を行う．さらに時間がたつと，同じ運動を繰り返し与式が円偏光を表すことがわかる．xy 面上で負の向きの円偏光の場合には与式の j の符号を逆にすればよい．すなわち
$$E = iE_0 \cos\omega t - jE_0 \sin\omega t$$
は負の向きの円偏光を記述する．

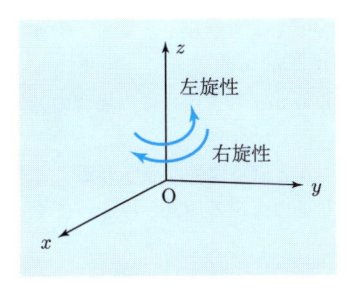

図 9.16　旋光性

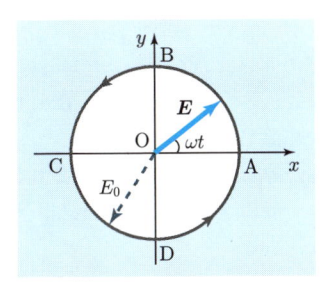

図 9.17　円偏光

演習問題 第9章

1. 波長 1 m の電磁波の周波数は何 Hz か．
2. 放送大学のラジオ FM 放送の周波数は 77.1 MHz である．この電磁波の波長は何 m か．
3. 第二次世界大戦の末期，サイパン島を占領したアメリカ軍は巨大な放送局を建設し，日本あてのラジオ放送を始めた．日本政府は国民に聞かせまいとして妨害電波を放送したが，逆に妨害電波の周波数を探ればサイパン放送の周波数がわかることとなった．著者はその周波数を探りあて夕方，放送の開始を待っていると午後 6 時アメリカの国家が流れ，続いて英語のアナウンスメントがあった．断片的に Saipan とか ten ten kilocycle という言葉が聞きとれ，コールサインは KSAI（K はアメリカを表し，SAI は SAIPAN の略）ということがわかった．サイクル（cycle）は周波数の単位で，これは Hz と同じである．KSAI の発する電磁波は 1010 kHz であるが，この電磁波の波長を求めよ．
4. 地上から発した電磁波が通信用衛星に受信され，再び地上に達するまでの往復時間を計算せよ．ただし，通信用衛星の高さは 3.6×10^4 km とする．
5. 白色光をプリズムにあて光の分散を観測した．白色光の分かれ方について図 9.18 **(a), (b)** のうち正しいものを指摘せよ．

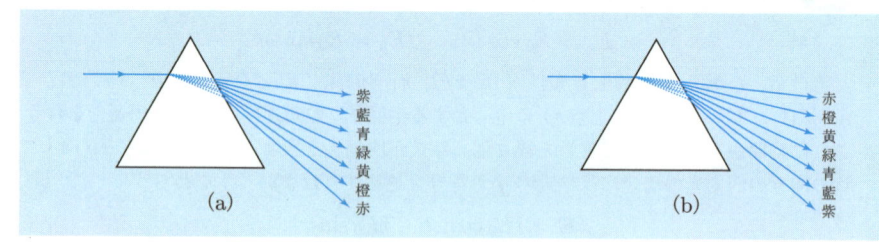

図 9.18 光の分散

6. ヤングの実験において，$d = 1$ mm，$D = 1$ m，$\lambda = 400$ nm とする．干渉じまの明線間の間隔はいくらか．ただし，1 nm $= 10^{-9}$ m である．
7. 薄膜において $d = 200$ nm，$n = 1.33$，$\lambda = 500$ nm とする．この場合の光の干渉について論じよ．
8. 振幅の等しい逆回りの 2 つの円偏光を合成すると直線偏光で表されることを証明せよ．一般に 2 つの円偏光の位相差の値により上の直線の傾きが異なってくることを示せ．

演習問題略解

第 1 章

1 体温をカ氏で表すと (1.1) (p.2) より
$$（カ氏温度）= \left(\frac{9}{5} \times 36 + 32\right) \text{°F} = 96.8 \text{ °F}$$
となる．体温をカ氏で表すと 100 °F 前後である．

2 (1.1) (p.2) の（カ氏温度）に 8 を代入すると（セ氏温度）は
$$（セ氏温度）= -24 \times \frac{5}{9} \text{ °C} = -13.3 \text{ °C}$$
と計算される．

3 0 °F は $-32 \times \frac{5}{9}$ °C $= -17.78$ °C に等しくこれを絶対温度で表すと次のようになる．
$$T = (-17.78 + 273.15) \text{ K} = 255.37 \text{ K}$$

4 鉄 (Fe)，コバルト (Co)，ニッケル (Ni) のキュリー温度 T_c はそれぞれ
$$T_\mathrm{c} = 770 \text{ °C (Fe)}, \quad T_\mathrm{c} = 1127 \text{ °C (Co)}, \quad T_\mathrm{c} = 358 \text{ °C (Ni)}$$
と表される．

5 (a) 庭に水をまくと水が蒸発し，その際，周囲から気化熱を奪うので涼しくなる．
(b) 人間には汗腺から汗が出ているため，扇子や団扇で扇ぐと汗が蒸発し熱が奪われる．
(c) 犬には汗腺がないので激しく息を吐き水分を蒸発させるようにする．

6 図のように超伝導体の表面が平面として，その上に棒磁石があるとする．表面に対し上下対称に仮想的な磁石があるとし，両磁石の磁力線を合成すると表面で磁力線は平面と平行となり，超伝導体に磁力線が侵入しないという条件を満たす．このような 2 つの磁石の間には斥力が働くため浮き磁石が実現する．

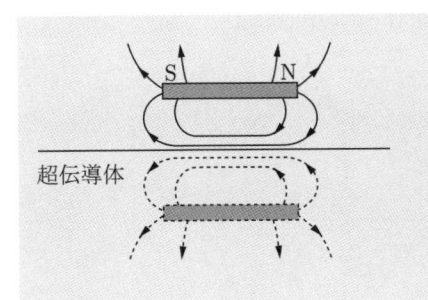

実線は実際の磁力線，点線は仮想的な磁力線を表す．実際には磁力線は超伝導体内部に侵入せず，そこで磁場は 0 となる．

7 モーターのコイルとか各電化製品への導線などにそのような導線を使えばエネルギーの損失がないので大きなメリットとなる．反面，電熱器，電気炊飯器，電気ポットなど電気抵抗が有限のため生じる熱を利用する器具にはそのような導線は使用できない．
8 (1.3) (p.8) は

$$p_A V_A = p_B V_B = p_C V_C$$

と書け，これがいまの体系の温度となる．
9 非接触の温度計測では食品などに対する衛生的な温度測定ができる．また，遠く離れて物体の温度が測定可能となる．例えば 10 m 先の電灯線を調べその温度異常を発見することができる．

第2章

1 ①, ②, ③はそれぞれ氷が水になる熱量，0 ℃の水が 100 ℃になる熱量，100 ℃の水がすべて水蒸気になる熱量である．したがって，求める熱量はこれらの和となり④が正しい答を与える．
2 1 g の水の温度を 1 K だけ高めるのに必要な熱量は 1 cal であるから，水の比熱 c は $c = 1$ cal$\cdot$g$^{-1}\cdot$K^{-1} である．また，ポット内の水を沸騰させる場合には，温度上昇は 80 K となり，必要な熱量 Q は (2.1) (p.18) により

$$Q = 1500 \times 1 \times 80 \text{ cal} = 1.2 \times 10^5 \text{ cal}$$

と計算される．
3 ① 熱量計の水当量を m g とすれば，熱量保存則により

$$(m + 150)(34.3 - 20.0) = 100 \times (60.0 - 34.3)$$

が成り立つ．これから $m = 30$ g となる．
② アルミニウムの球が失った熱量は次のように表される．

$$100 \times c \times (100 - 38.8) \text{ cal} = 6120c \text{ cal}$$

③ 水 (150 + 100) g と熱量計の受けとった熱量は次のように書ける．

$$(250 + 30)(38.8 - 34.3) \text{ cal} = 1260 \text{ cal}$$

④ ②, ③の熱量を等しいとおけば $6120c = 1260$ となり，これから c は

$$c = 0.21 \text{ cal}\cdot\text{g}^{-1}\cdot\text{K}^{-1}$$

と求まる．
4 $Q = mct$ の関係から

$$t = \frac{1}{10 \times 0.030} \text{ °C} = 3.33 \text{ °C}$$

と表される．

5 温度 t °C のときの正方形の 1 辺の長さを l とすれば，温度 t' °C では熱膨張のためその長さは

$$l' = l[1 + \alpha(t' - t)]$$

となる．t, t' における正方形の面積を S, S' とし

$$S' = l^2[1 + \alpha(t' - t)]^2 \simeq S[1 + 2\alpha(t' - t)]$$

の関係に注意すれば，面積の膨張率はほぼ 2α に等しい．同様に，1 辺の長さ l の立方体を考慮し，t, t' における立方体の体積を V, V' とすれば

$$V' = l^3[1 + \alpha(t' - t)]^3 \simeq V[1 + 3\alpha(t' - t)]$$

が成り立ち，体膨張率はほぼ 3α に等しい．ただし，上の議論で x の絶対値が 1 に比べ十分小さいと

$$(1 + x)^n \simeq 1 + nx$$

の近似式が成立することを用いた．

6 図 2.12（p.27）の状態図で $p = $ 一定 の線を引き（右図），点 A から状態変化が始まるとすれば，氷と水が共存する状態は融解曲線上の 1 点で指定される．全部が水になると B → C と状態変化が起こり，すべてが水蒸気になるまで状態は C, D という点に留まる．

7 (a)　3 mm $= 3 \times 10^{-3}$m, 500 cm$^2 = 0.05$ m^2 であるから，毎秒当たりフラスコの内部に流入する熱量 Q は次のように計算される．

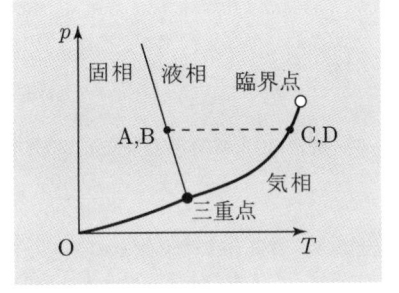

$$Q = 0.21 \times 0.05 \times \frac{8}{3 \times 10^{-3}} \text{ cal} \cdot \text{s}^{-1} = 28 \text{ cal} \cdot \text{s}^{-1}$$

(b)　氷の溶ける速さは，1 秒間に溶ける氷の質量で表すことができ

$$\frac{28 \text{ cal} \cdot \text{s}^{-1}}{80 \text{ cal} \cdot \text{g}^{-1}} = 0.35 \text{ g} \cdot \text{s}^{-1}$$

となる．

第 3 章

1　1 atm $= 1.013 \times 10^5$ N $\cdot$ m^{-2} の関係に注意すると点 A から点 B にいたるまでに気体は外部に対し

$$2 \times 1.013 \times 10^5 \text{ J}$$

だけの仕事をすることがわかる．点 B → 点 C, 点 D → 点 A の状態変化では体積変化

は 0 で気体のする仕事も 0 である．点 C → 点 D の変化では気体に外部から仕事が加わり，気体のする仕事は -1.013×10^5 J となる．したがって，一巡したとき外部にする仕事は両者の和をとり 1.013×10^5 J と表される．矢印を逆転すると逆の現象が起き，点 B → 点 A で気体のする仕事は $-2 \times 1.013 \times 10^5$ J，点 D → 点 C で気体のする仕事は 1.013×10^5 J で，全体では -1.013×10^5 J となる．

2 カロリック説では，カロリックはどんな過程でも増減はしないとするので，高温物体の失ったカロリックは低温物体の受けとったカロリックに等しくなり熱量保存則が導かれる．カロリックという言葉を熱エネルギーと読み替えれば，カロリック説は現代の考え方に移行する．

3 人には 60×9.81 N $= 588.6$ N の重力が働く．この力に逆らい，1.5 m だけ真上にとび上がったとき，人のする仕事 W は

$$W = 588.6 \text{ N} \times 1.5 \text{ m} = 883 \text{ J}$$

と計算される．したがって，これを cal に換算すると

$$Q = \frac{883}{4.19} \text{ cal} = 211 \text{ cal}$$

と表される．また，水の温度が t K だけ上がるとすれば，t は次のようになる．

$$t = \frac{211}{50} \text{ K} = 4.22 \text{ K}$$

4 時速 30 km を国際単位系で表すと

$$\frac{30000}{3600} \text{ m} \cdot \text{s}^{-1} = 8.33 \text{ m} \cdot \text{s}^{-1}$$

である．質量 m の物体が v の速さで運動しているとき，その運動エネルギーは $(1/2)mv^2$ と書ける．2 台のトラックを考えるので全体の運動エネルギーは，これを 2 倍し

$$10^3 \times (8.33)^2 \text{ J} = 6.94 \times 10^4 \text{ J}$$

となる．これを cal に換算すると，以下の結果が得られる．

$$\frac{6.94 \times 10^4}{4.19} \text{ cal} = 1.66 \times 10^4 \text{ cal}$$

5 (a) 窒素気体 N_2 の分子量は 28 であるから，モル数 n は次のように計算される．

$$n = \frac{5}{28} \text{ mol} = 0.179 \text{ mol}$$

(b) 状態方程式を用いると，気体の体積は

$$V = \frac{0.179 \times 8.31 \times 303}{2 \times 1.013 \times 10^5} \text{ m}^3 = 2.22 \times 10^{-3} \text{ m}^3$$

と計算される．

6 (3.8) (p.40) により，モル数 n の理想気体では圧力 p，体積 V，(絶対) 温度 T の体系に対し

$$pV = nRT$$

と書ける．T が一定の場合，p, V の変化分を $\Delta p, \Delta V$ とすれば
$$(p + \Delta p)(V + \Delta V) - pV = 0$$
が成り立つ．$\Delta p, \Delta V$ が十分小さいと
$$p\Delta V + V\Delta p = 0$$
としてよい．したがって，κ_T の定義式から次式が得られる．
$$\kappa_T = \frac{1}{p}$$

7 ① 0 ℃ での体積，圧力をそれぞれ V_0, p_0 とし体積を V_0 に保ったまま，温度を 100 ℃ にしたときの圧力を p_{100} と書く．体積が一定の場合，状態方程式から $p/T = $ 一定 の関係が成り立つ．このため $\dfrac{p_{100}}{373} = \dfrac{p_0}{273}$ となり
$$\frac{p_{100}}{p_0} = \frac{373}{273} = 1.37$$
が得られる．すなわち，①は 1.37 倍である．

② 温度は 100 ℃ とするのでボイルの法則が適用でき $pV = $ 一定 が成り立つ．圧力が p_0 となったときの体積を V' とすれば
$$p_0 V' = p_{100} V_0$$
と表される．これから
$$\frac{V'}{V_0} = \frac{p_{100}}{p_0} = \frac{373}{273} = 1.37$$
で，②は 1.37 倍となる．

8 国際単位系で
$$p_c = 1.013 \times 10^5 \times 73.0 \text{ Pa} = 7.40 \times 10^6 \text{ Pa}$$
$$V_c = 95.7 \times 10^{-6} \text{ m}^3 \cdot \text{mol}^{-1}$$
と表され，$R = 8.31$ J$\cdot$mol$^{-1}\cdot$K^{-1} を使うと
$$Z_c = \frac{7.40 \times 10^6 \times 95.7 \times 10^{-6}}{8.31 \times 304.3} = 0.280$$
と計算される．

第 4 章

1 $W = -5$ J，$Q = -2$ cal $= -8.38$ J であり，したがって内部エネルギーの増加分は $W + Q = -13.38$ J と計算される．すなわち，内部エネルギーは 13.38 J だけ減少する．

2 体系に加わる仕事を W，加わる熱量は $-Q$ であるから，内部エネルギーの増加分は両者の和をとり $W - Q$ となる．このため正解は②である．

3 46 ページで述べた結果を使うと，内部エネルギーは

$$[(8.4 + 48.0) \times 4 + 3.8 \times 9] \text{ kcal} = 260 \text{ kcal}$$

となる．これを J 単位に換算すると

$$4.19 \times 260 \times 10^3 \text{ J} = 1089 \times 10^3 \text{ J}$$
$$= 1.089 \times 10^6 \text{ J}$$

に等しい．

4 最初の空気の温度，体積をそれぞれ T_0, V_0 とし，圧縮後の温度，体積をそれぞれ T_1, V_1 とすれば，(4.15) (p.52) により

$$T_0 V_0{}^{\gamma-1} = T_1 V_1{}^{\gamma-1}$$

が成り立つ．これから T_1 は

$$T_1 = T_0 \left(\frac{V_0}{V_1}\right)^{\gamma-1} = 2^{\gamma-1} T_0$$

となる．空気は O_2 と N_2 の混合物であり，$\gamma = 1.4$ すなわち $\gamma - 1 = 0.4$ と表される．したがって

$$T_1 = 2^{0.4} \times 273 \text{ K} = 360 \text{ K} = 87 \text{ °C}$$

が得られる．

5 この場合のカルノーサイクルの効率は

$$\eta = \frac{300}{600} = 0.5$$

と計算され，ちょうど 50 % に等しい．

6 $1 \to 2$ の過程は断熱圧縮，$3 \to 4$ の過程は断熱膨張で，両過程においては熱の出入りがない．$2 \to 3$ の変化では気体が膨張していくから気体の温度が上がり，その変化は吸熱過程であることがわかる．この過程では圧力が一定なので，定圧熱容量を C_p とすれば，$2 \to 3$ の過程で体系の吸収する熱量 Q_1 は

$$Q_1 = C_p(T_3 - T_2)$$

と表される．また，$4 \to 1$ の変化では定積で圧力が減少していくから，この変化では気体の温度が下がる．すなわち，この変化は放熱過程で，定積熱容量を C_V とすれば，放出される熱量 Q_2 は

$$Q_2 = C_V(T_4 - T_1)$$

と書ける．ただし，この場合，放出する向きを $+$ にとったので $Q_2 > 0$ である．1 サイクルの間に外部にする仕事 W は

$$W = Q_1 - Q_2$$

と表され，よって効率 η は

$$\eta = \frac{Q_1 - Q_2}{Q_1} = 1 - \frac{C_V(T_4 - T_1)}{C_p(T_3 - T_2)} = 1 - \frac{T_4 - T_1}{\gamma(T_3 - T_2)}$$

と求まる．このようなディーゼルサイクルはカルノーサイクルとは違い，高温熱源，低温熱源がそれぞれ一定の温度をもつわけではない．しかし，1サイクルの間に熱を吸収しその一部を力学的な仕事に変換するという事情は同じなので，カルノーサイクルと同様な効率が定義できる．

7 (a) $1 \to 2$ および $3 \to 4$ の変化は断熱過程であるから
$$T_1 V_1^{\gamma-1} = T_2 V_2^{\gamma-1}, \quad T_3 V_2^{\gamma-1} = T_4 V_1^{\gamma-1}$$
が成立する．これから
$$\left(\frac{V_2}{V_1}\right)^{\gamma-1} = \frac{T_1}{T_2} = \frac{T_4}{T_3} \tag{1}$$
となり，与式が導かれる．

(b) $1 \to 2, 3 \to 4$ の変化は断熱過程であるから熱の出入りはない．$4 \to 1$ の吸熱過程で吸収される熱量 Q_1 は
$$Q_1 = C_V (T_1 - T_4) \tag{2}$$
であり，また $2 \to 3$ の放熱過程で放出される熱量 Q_2 は
$$Q_2 = C_V (T_2 - T_3) \tag{3}$$
となる．(1) を利用すると，
$$T_3 = \frac{T_2}{T_1} T_4$$
が成り立ち，これを (3) に代入すると
$$Q_2 = \frac{C_V T_2}{T_1}(T_1 - T_4)$$
が得られる．上式と (2) を利用すると，外部にした仕事 W は
$$W = Q_1 - Q_2 = C_V (T_1 - T_4)\left(1 - \frac{T_2}{T_1}\right)$$
と書け，よって効率 η は，(1), (2) を用い次のように表される．
$$\eta = \frac{W}{Q_1} = 1 - \frac{T_2}{T_1} = 1 - \left(\frac{V_1}{V_2}\right)^{\gamma-1}$$

第5章

1 $T_1 = 873$ K, $T_2 = 273$ K の場合に相当するので，最大効率は $600/873 = 0.687$ で 68.7 % となる．

2 (a) サイクルの性質により $W + Q = 0$ である．一般にクラウジウスの不等式により，等温変化のときには

$$\frac{1}{T}\sum Q_i \leq 0$$

が成り立つ．$\sum Q_i$ は 1 サイクルで体系が吸収した熱量 Q に等しい．したがって，可逆サイクルでは上式で等号が成立するので，

$$Q = 0, \quad W = 0$$

となる．

(b) 不可逆サイクルでは上式で不等号が成り立つ．$T > 0$ であるから，$Q < 0$ が得られ，その結果 $W > 0$ となる．

3 (a) 符号を考慮すると，1 サイクルの後，冷凍機に加わった仕事，熱量はそれぞれ W, $Q_2 - Q_1$ であり，サイクルの条件から

$$W - Q_1 + Q_2 = 0$$

となる．すなわち，次の結果が得られる．

$$W = Q_1 - Q_2$$

(b) 可逆サイクルの場合，クラウジウスの式により，符号を考慮し

$$\frac{-Q_1}{T_1} + \frac{Q_2}{T_2} = 0 \quad \therefore \quad Q_1 = \frac{T_1}{T_2}Q_2$$

が得られる．これを W の式に代入して与式が導かれる．

不可逆サイクルでは

$$\frac{-Q_1}{T_1} + \frac{Q_2}{T_2} < 0 \quad \therefore \quad Q_1 > \frac{T_1}{T_2}Q_2$$

が成立し

$$W = Q_1 - Q_2 > \frac{T_1}{T_2}Q_2 - Q_2$$

となる．

4 クラウジウスの不等式で $n = 2$ の場合を考えると，可逆サイクルの場合

$$\frac{Q_1}{T_1} + \frac{Q_2}{T_2} = 0$$

が成立する．上式を図 5.4（p.66）の C_i に適用すると

$$T_1 = T, \quad T_2 = T_i, \quad Q_1 = Q_i', \quad Q_2 = -Q_i$$

とおき (5.5)（p.66）が得られる．ただし，クラウジウスの不等式を導いたときに (5.5) を用いたので，(5.5) は自己矛盾がないといえる．実際には (5.5) を導くためカルノーサイクルで気体のする仕事を求めねばならず，これには積分計算が必要である．したがって，本書では詳細に立ち入らない．

5 与えられた数値を例題 4（p.67）の結果に代入すると，Q_2 は

$$Q_2 = \frac{250}{1000}\frac{1000-300}{300-250} \times 1\,\text{J} = 3.5\,\text{J}$$

となる．

6 1サイクルに熱力学第一法則を適用すると

$$0 = W + \sum_{i=1}^{n} Q_i$$

となる．したがって，1サイクルの間に C のした仕事は次のように書ける．

$$-W = \sum_{i=1}^{n} Q_i$$

7 n 個の熱源を吸熱過程 ($Q_i > 0$) に相当するものと放熱過程 ($Q_i < 0$) に相当するものとの 2 種類にわけ前者をグループ 1，後者をグループ 2 とする．クラウジウスの不等式

$$\sum_{i=1}^{n} \frac{Q_i}{T_i} \leq 0$$

をグループ 1, 2 にわけると

$$\sum_1 \frac{Q_i}{T_i} + \sum_2 \frac{Q_i}{T_i} \leq 0$$

と書ける．グループ 1 では $Q_i > 0$ であるから

$$\frac{Q_i}{T_{\max}} \leq \frac{Q_i}{T_i}$$

またグループ 2 では $Q_i < 0$ であるから

$$\frac{Q_i}{T_{\min}} \leq \frac{Q_i}{T_i}$$

が成り立つ．このため

$$\frac{1}{T_{\max}} \sum_1 Q_i + \frac{1}{T_{\min}} \sum_2 Q_i \leq 0$$

が得られる．ここで

$$\sum_1 Q_i = Q_1, \quad \sum_2 Q_i = Q_2$$

とおけば，Q_1, Q_2 はそれぞれ吸熱過程，放熱過程で熱機関で吸収した熱量である（実際は $Q_1 > 0, Q_2 < 0$）．上の 2 式から

$$\frac{Q_1}{T_{\max}} + \frac{Q_2}{T_{\min}} \leq 0 \quad \therefore \quad \frac{Q_2}{Q_1} \leq -\frac{T_{\min}}{T_{\max}}$$

となる．前問により，1サイクル後に熱機関のした仕事 W は $W = Q_1 + Q_2$ と表される．したがって，熱機関の効率 η に対し次の関係が成立する．

$$\eta = \frac{W}{Q_1} = \frac{Q_1 + Q_2}{Q_1}$$
$$= 1 + \frac{Q_2}{Q_1} \leq 1 - \frac{T_{\min}}{T_{\max}}$$

8 5 g の氷に対する融解熱を Q とすれば，エントロピーの増加は Q/T と書ける．し

たがって
$$Q = 5 \times 80 \text{ cal} = 400 \text{ cal} = 1676 \text{ J}$$
である．また，$T = 0\ °\text{C} = 273\ \text{K}$ を使うと，エントロピーの増加は
$$\frac{1676}{273}\ \text{J}\cdot\text{K}^{-1} = 6.14\ \text{J}\cdot\text{K}^{-1}$$
と計算される．同様に気化に伴うエントロピー増加分は
$$\frac{5 \times 539 \times 4.19}{373}\ \text{J}\cdot\text{K}^{-1} = 30.3\ \text{J}\cdot\text{K}^{-1}$$
となる．

第6章

1 標準状態で 1 モルの気体は $22.4\ l = 2.24 \times 10^4\ \text{cm}^3$ の体積を占め，その中にはモル分子数 6.02×10^{23} だけの気体分子が含まれている．このことからロシュミット数は
$$\frac{6.02 \times 10^{23}}{2.24 \times 10^4\ \text{cm}^3} = 2.69 \times 10^{19}\ \text{cm}^{-3}$$
と計算される．

2 1 モル = 4 g のヘリウム中には 6.02×10^{23} 個の ^4He 原子があるので，1 個の ^4He 原子の質量は
$$\frac{4}{6.02 \times 10^{23}}\ \text{g} = 0.664 \times 10^{-23}\ \text{g} = 0.664 \times 10^{-26}\ \text{kg}$$
となる．このため 20 °C における熱速度 v_t は，本文中の電子の熱速度と同様な計算を繰り返し
$$v_\text{t} = \left(\frac{3 \times 1.38 \times 10^{-23} \times 293}{0.664 \times 10^{-26}}\right)^{1/2}\ \text{m}\cdot\text{s}^{-1} = 1.35 \times 10^3\ \text{m}\cdot\text{s}^{-1}$$
と表される．

3 20 °C における 1 自由度当たりのエネルギーは，$k_\text{B} = 1.38 \times 10^{-23}\ \text{J}\cdot\text{K}^{-1}$，$T = 293\ \text{K}$ を利用して
$$\frac{1}{2}k_\text{B}T = \frac{1}{2} \times 1.38 \times 10^{-23} \times 293\ \text{J} = 2.02 \times 10^{-21}\ \text{J}$$
となる．

4 単純立方格子では立方体の頂点にある格子点を 8 等分すれば，体積 a^3 の立方体に含まれる格子点数は 1/8 で頂点は 8 個あるから，(1/8) と 8 を掛け算して上記の立方体中の格子点数は 1 となる．すなわち，格子点数と立方体数は 1 対 1 に対応する．

体心立方格子では体積 a^3 の頂点にある格子点数は単純立方格子と同じで 1 に等しい．それと同時に中心に 1 個格子点が存在するので，立方体中の格子点数は 2 である．

面心立方格子の場合，各面の中心にある格子点は 2 個の立方体に共有されるので 1 個

の立方体中の格子点数は 1/2 である．このような面が 6 個あるから面心の格子点数は 3，頂点上の格子点数は 1 で，体積 a^3 の立方体中の格子点数は 4 となる．

5 図 6.11 (p.84) の最小部分は格子定数 $a/2$ の単純立方格子でこれを下図に示す．この図で黒丸の 1 つの Na^+ に注目し，これを 8 等分すれば体積 $a^3/8$ の下図の立方体中に含まれる数は 1/8 となる．上記の立方体中には 4 個の Na^+ があるので，立方体中の Na^+ の全体の数は 1/2 と表される．Cl^- でも同様で，結局体積 $a^3/8$ 中の NaCl 分子の数は 1/2 となる．これから，1 個の NaCl 分子は体積 $a^3/4$ を占めることがわかる．

一方，与えられた数値から NaCl の分子量は 58.4 g と書け，この中にモル分子数だけの NaCl 分子が存在する．その結果，1 g 中に含まれる分子数は

$$6.02 \times 10^{23}/58.4 = 1.03 \times 10^{22}$$

となる．一方，与えられた密度の値から NaCl の 1 g の体積は

$$\frac{1}{2.17} \text{ cm}^3 = 0.406 \text{ cm}^3$$

と表される．すなわち，1 個の NaCl 分子当たりの体積は

$$\frac{0.406}{1.03 \times 10^{22}} \text{ cm}^3 = 4.47 \times 10^{-23} \text{ cm}^3$$

となる．これが $a^3/4$ に等しいから，a は

$$a = 5.63 \times 10^{-8} \text{ cm} = 5.63 \text{ Å}$$

と計算される．

6 表 6.1 (p.82) で与えられた数値を気体定数 $R = 8.31$ J·mol^{-1}·K^{-1} で割れば求める数表が導かれる．その結果は次表に示される．この結果が 3 に等しければデュロン-プティの法則が厳密に成り立つ．逆にいうと 3 からのずれが，デュロン-プティの法則からのずれを表すことになる．

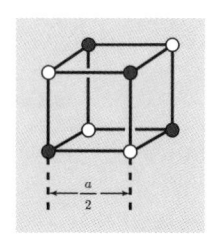

亜鉛	3.066
金	3.054
銀	3.067
ナトリウム	3.397
鉛	3.227

第 7 章

1 例題 2 (p.89) の結果により，長さとして cm，時間として s の単位を使うと変位は

$$u = 6 \sin\left[2\pi\left(30t - \frac{x}{24}\right) + \frac{\pi}{6}\right]$$

と表される．$t = (1/60)$ s, $x = 10$ cm を代入し

$$u = 6 \sin\left[2\pi\left(\frac{30}{60} - \frac{10}{24}\right) + \frac{\pi}{6}\right] = 6 \sin\left(\pi - \frac{5\pi}{6} + \frac{\pi}{6}\right)$$
$$= 6 \sin\frac{\pi}{3} = 3\sqrt{3}$$

と計算される．したがって，変位は $3\sqrt{3}$ cm である．

2 右図のように入射角 θ で BC の方向に進む入射波の波面 AB を考え，A が境界面にあたった瞬間を時間の原点にとる．これから時間が t だけ経過して B が境界面上の点 C に到着したとすれば
$$\mathrm{BC} = vt$$
である．また，時刻 0 で点 A から出た 2 次波の波面は，時刻 t において点 A を中心とする半径 vt の円となる．図のように，点 C からこの円に引いた接線を CD とする．ここで，AB 上の任意の点 P をとり，点 P から BC に平行な直線を引きこれと AC との交点を Q，点 Q から CD に下ろした垂線の足を R とする．$\triangle$CDA と $\triangle$CRQ は相似なので
$$\mathrm{QR} = \mathrm{AD} \times \frac{\mathrm{CQ}}{\mathrm{AC}} = vt \times \frac{\mathrm{AC}-\mathrm{AQ}}{\mathrm{AC}} = vt\left(1 - \frac{\mathrm{AQ}}{\mathrm{AC}}\right) \tag{1}$$
が成り立つ．ところで，$\triangle$ABC と $\triangle$APQ は相似であるから
$$\frac{\mathrm{PQ}}{\mathrm{BC}} = \frac{\mathrm{AQ}}{\mathrm{AC}} \quad \therefore \quad \left(\frac{\mathrm{AQ}}{\mathrm{AC}}\right)vt = \mathrm{PQ} \tag{2}$$
となる．ただし，$\mathrm{BC}=vt$ の関係を利用した．(1), (2) から
$$\mathrm{QR} = v\left(t - \frac{\mathrm{PQ}}{v}\right) \tag{3}$$
が得られる．点 P が AC に到着するまでの時間は PQ/v である．したがって，点 Q を出た 2 次波の半径は時刻 t において $v(t-\mathrm{PQ}/v)$ となり，これは (3) と一致する．すなわち，この 2 次波は CD に接する．点 P は勝手に選んでよいので，結局任意の 2 次波は CD に接し，よって CD が反射波の波面となる．$\triangle$ACD と $\triangle$ACB は直角三角形で斜辺と 1 辺とが等しいから合同である．その結果
$$\angle\mathrm{DAC} = \angle\mathrm{BCA}$$
が成立する．図に示す θ' が反射角でこうして $\theta = \theta'$ の反射の法則が導かれた．

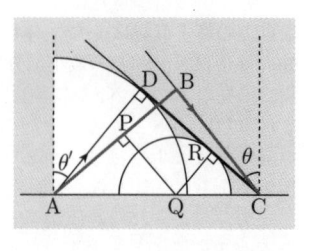

3 次図のように入射角を θ，屈折角を φ とし，媒質 1 中を進む波面 AB に注目する．B が C に到達するまでの時間を t とすれば
$$\mathrm{BC} = v_1 t$$
で，A を出た媒質 2 中の 2 次波は半径 $v_2 t$ の円となる．また，C からこの円に引いた接線を CD とする．AB 上の任意の点 P が境界面に達するまでの時間は PQ/v_1 であるから，Q を出た 2 次波の半径は
$$v_2\left(t - \frac{\mathrm{PQ}}{v_1}\right)$$

演習問題略解 141

となる．一方，Q から CD に下ろした垂線の足を R とすれば

$$\frac{QR}{AD} = \frac{CQ}{AC} = \frac{AC - AQ}{AC} \quad \therefore \quad QR = v_2 t \left(1 - \frac{AQ}{AC}\right)$$

となる．ところで

$$\frac{AQ}{AC} = \frac{PQ}{BC} = \frac{PQ}{v_1 t}$$

であるから上式によって，$QR = v_2(t - PQ/v_1)$ と表され，反射のときと同様，2 次波はすべて CD に接することがわかる．したがって，接線 CD が屈折波の波面を与える．このため

$$\frac{\sin\theta}{\sin\varphi} = \frac{BC/AC}{AD/AC} = \frac{BC}{AD} = \frac{v_1 t}{v_2 t} = \frac{v_1}{v_2}$$

が成立し，屈折の法則が導かれる．

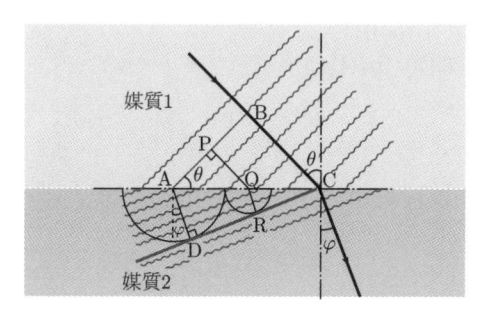

4 (a) 次の関係式が成り立つ．

$$\frac{\sin\left(\frac{\pi}{2} - \theta_1\right)}{\sin\left(\frac{\pi}{2} - \theta_2\right)} = \frac{\cos\theta_1}{\cos\theta_2} = \frac{v_1}{v_2}$$

(b) $\cos\theta_2 = 12/13$ から $\sin\theta_2 = 5/13$ と計算され，これから

$$\tan\theta_2 = \frac{5}{12}$$

となる．したがって，次図に示すように D, E をとれば

$$DE = 0.4 \times \frac{12}{5} = 0.96$$

と表される（単位は m）．これから $OC = \sqrt{1.5^2 + 0.8^2} = 1.7$ と書け $\cos\theta_1 = 1.5/1.7$ が得られる．(a) の結果を用いると，次のようになる．

$$\frac{v_1}{v_2} = \frac{1.5 \times 13}{1.7 \times 12} = \frac{65}{68}$$

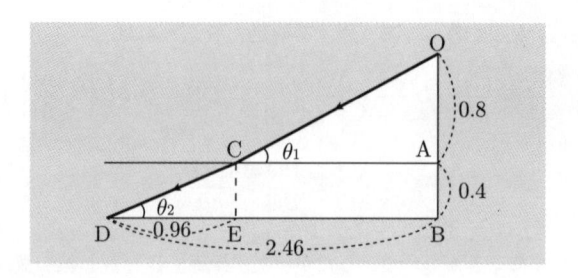

5 (7.11)（p.94）により
$$v = (331.5 + 0.6 \times 30) \text{ m} \cdot \text{s}^{-1} = 349.5 \text{ m} \cdot \text{s}^{-1}$$
となる．

6 (a) $10 \times \log 2 \fallingdotseq 3$ dB
 (b) $10 \times \log 10 = 10$ dB

7 デシベルの定義 (7.12)（p.94）から
$$90 = 10 \log \frac{I}{I_0}$$
となる．よって
$$I = 10^9 I_0 = 10^9 \times 10^{-12} \text{ W} \cdot \text{m}^{-2} = 10^{-3} \text{ W} \cdot \text{m}^{-2}$$
と表される．

8 パトカーの速さは
$$\left(40 \times \frac{10^3}{3600}\right) \text{ m} \cdot \text{s}^{-1} = 11.1 \text{ m} \cdot \text{s}^{-1}$$
である．したがって，パトカーが近づいてくるとき，サイレンの振動数は
$$1000 \times \frac{340}{340 - 11.1} \text{ Hz} = 1034 \text{ Hz}$$
となる．逆に，遠ざかるときのサイレンの振動数は次のように計算される．
$$1000 \times \frac{340}{340 + 11.1} \text{ Hz} = 968 \text{ Hz}$$

9 ドップラー効果の式
$$f = f_0 \frac{v - w}{v - u}$$
で v は音速，w は人（観測者），u は音源の速さである．u は求める列車の速さ，w は
$$w = 144 \text{ km} \cdot \text{h}^{-1} = 40 \text{ m} \cdot \text{s}^{-1}$$
に等しい．近づくとき，すれちがった後の振動数をそれぞれ f, f' とすれば次図を参考に
$$f = f_0 \frac{v + w}{v - u}, \quad f' = f_0 \frac{v - w}{v + u}$$

となる．題意から $f/f' = 3/2$ で
$$\frac{v+w}{v-u}\frac{v+u}{v-w} = \frac{3}{2}$$
が得られる．これから u を解くと
$$u = \frac{v(v-5w)}{5v-w}$$
と書け，$v = 340 \text{ m} \cdot \text{s}^{-1}$，$w = 40 \text{ m} \cdot \text{s}^{-1}$ を代入して
$$u = 28.7 \text{ m} \cdot \text{s}^{-1} = 103 \text{ km} \cdot \text{h}^{-1}$$
となる．

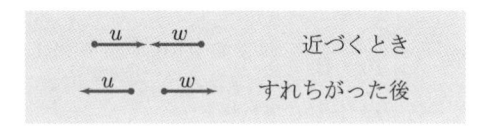

10 音源の速さ v が音速 v_s より大きい超音速ジェット機のような場合，音波の様子は下図のようになる．

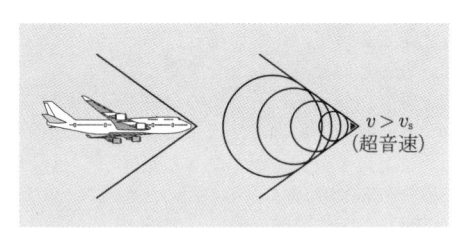

11 腹 $\rightleftarrows$ 節 という対応をさせれば開管の固有振動は両端が固定端である弦の横振動と等価である．したがって，固有振動数は
$$f_n = \frac{v}{2L}n \quad (n = 1, 2, \cdots)$$
で与えられる．

第 8 章

1 例題 2（p.105）で $H = 5$ mm，$n = 1.50$ とおけば，次の結果が得られる．
$$h = \frac{5}{1.50} \text{ mm} = 3.33 \text{ mm}$$

2 $\sin\theta = \sin 60° = 0.866\cdots$ であるから，屈折の法則により
$$\sin\varphi = \frac{0.866}{1.33} = 0.651 \quad \therefore \quad \varphi = 40.6°$$
となる．

3 光を通す物体（**透明体**）中の光速 c_n はその絶対屈折率を n, 真空中の光速を c として $c_n = c/n$ で与えられる．したがって，ガラス中の光速 c_n は

$$c_n = \frac{c}{n} = \frac{3 \times 10^8}{1.50} \text{ m} \cdot \text{s}^{-1} = 2 \times 10^8 \text{ m} \cdot \text{s}^{-1}$$

と計算される．真空中で 1 回振動が起これば，ガラス中でも 1 回振動が起こる．よって，振動数 f は真空中でもガラス中も同じで

$$f = \frac{3 \times 10^8}{500 \times 10^{-9}} \text{ Hz} = 6 \times 10^{14} \text{ Hz}$$

となる．また，波の基本式により，ガラス中の光の波長 λ は次のように表される．

$$\lambda = \frac{2 \times 10^8 \text{ m} \cdot \text{s}^{-1}}{6 \times 10^{14} \text{ Hz}} = 3.33 \times 10^{-7} \text{ m} = 333 \text{ nm}$$

4 光の逆進性を利用すると次の関係が得られる．

$$\frac{1}{\sin \varphi_c} = n$$

5 眼の水晶体は凸レンズとなっていて遠方からの光は右図 (a) のように平行光線となって，正視の場合，網膜上に像を結ぶ．しかし，近いものを見過ぎたりすると眼球が変形し図の眼軸が正常に比べ長くなる．このため平行光線は (b) の点線のように網膜上に像を結ばずこれが近視の一因となる．凹レンズに平行光線があたると光は透過した後，光軸から遠ざかるように進む．そのため，近視の場合，(b) のように凹レンズの眼鏡を用い，実線のように網膜上に像を結ぶよう矯正している．

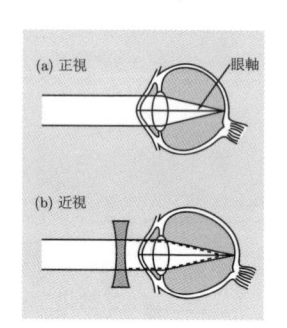

6 レンズの公式で $a = 90$ cm, $f = 30$ cm とおけば

$$\frac{1}{90} + \frac{1}{b} = \frac{1}{30} \quad \therefore \quad b = \frac{90}{2} \text{ cm} = 45 \text{ cm}$$

となる．

7 レンズの公式より

$$\frac{1}{45} + \frac{1}{15} = \frac{1}{f}$$

となる．上式から f は

$$f = \frac{45}{4} \text{ cm} = 11.25 \text{ cm}$$

と求まる．

8 レンズの公式を利用して

$$\frac{1}{|b|} = \frac{1}{a} - \frac{1}{f} = \frac{1}{15} - \frac{1}{20} = \frac{1}{60} \quad \therefore \quad |b| = 60 \text{ cm}$$

となる. 倍率は
$$m = \frac{60}{15} = 4$$
でこの場合は虫眼鏡と同じで正立,虚像で像の大きさは
$$2 \times 4 \text{ cm} = 8 \text{ cm}$$
である. 凹レンズの場合には
$$\frac{1}{|b|} = \frac{1}{a} + \frac{1}{f} = \frac{1}{15} + \frac{1}{20} = \frac{7}{60} \qquad \therefore \ |b| = 8.6 \text{ cm}$$
で倍率は
$$m = \frac{|b|}{a} = \frac{60}{15 \times 7} = \frac{60}{105} = 0.57$$
となる. また, 図からわかるように, 正立, 虚像で像の大きさは
$$2 \times 0.57 \text{ cm} = 1.14 \text{ cm}$$
と計算される.

第 9 章

1 波長 λ, 周波数 f に対し, (9.2) (p.116) により波の基本式 $c = \lambda f$ が成り立つ. $\lambda = 1$ m の場合, f は次のようになる.
$$f = 3 \times 10^8 \text{ Hz} = 300 \text{ MHz}$$
2 λ は次のように計算される.
$$\lambda = \frac{3 \times 10^8}{77.1 \times 10^6} \text{ m} = 3.89 \text{ m}$$
3 周波数は $f = 1010 \times 10^3$ Hz $= 1.01 \times 10^6$ Hz であるから, λ は
$$\lambda = \frac{3 \times 10^8}{1.01 \times 10^6} \text{ m} = 297 \text{ m}$$
となる.
4 電磁波が進行する距離は
$$3.6 \times 2 \times 10^4 \text{ km} = 7.2 \times 10^7 \text{ m}$$
である. よって, 所要時間は
$$\frac{7.2 \times 10^7}{3 \times 10^8} \text{ s} = 2.4 \times 10^{-1} \text{ s}$$
と表される.

5 図 9.3（p.119）を参考にし (b) の正しいことがわかる．
6 明線間の間隔 Δx は例題 2 の (3)（p.121）により

$$\Delta x = \frac{D\lambda}{d} = \frac{1 \times 400 \times 10^{-9}}{10^{-3}} \text{ m} = 0.0004 \text{ m} = 0.4 \text{ mm}$$

と計算される．

7 例題 3 の (4)（p.125）により

$$2nd\cos\varphi = \frac{m\lambda}{2} \quad (m \text{ は正の奇数})$$

の条件が満たされると干渉の結果，明線が生じる．数値を代入し

$$\cos\varphi = \frac{m}{2}\frac{500}{1.33 \times 200}$$
$$= 0.940m \tag{1}$$

となる．$m = 1$ だと (1) を満たすのは $\varphi = 19.9°$ でこの場合の入射角 θ は

$$\frac{\sin\theta}{\sin\varphi} = n \tag{2}$$

の関係から

$$\sin\theta = 1.33 \times 0.340 = 0.452$$

となり $\theta = 26.9°$ と計算される［例題 4（p.125）参照］．すなわち，入射角が $26.9°$ だと反射光は干渉のため明るくなる．m が 3 より大きいと (1) の右辺は 1 より大きくなるので解は存在しない．

8 逆回りの 2 つの円偏光は，例題 5（p.127）の結果を使い，例えば

$$\begin{cases} E_{1x} = E_0 \cos\omega t \\ E_{1y} = E_0 \sin\omega t \end{cases} \quad \begin{cases} E_{2x} = E_0 \cos\omega t \\ E_{2y} = -E_0 \sin\omega t \end{cases}$$

と書ける．これらを合成すると

$$E_x = E_{1x} + E_{2x} = 2E_0 \cos\omega t$$
$$E_y = E_{1y} + E_{2y} = 0$$

が成り立ち，x 方向の直線偏光となる．位相差があると

$$\begin{cases} E_{1x} = E_0 \cos\omega t \\ E_{1y} = E_0 \sin\omega t \end{cases} \quad \begin{cases} E_{2x} = E_0 \cos(\omega t - \alpha) \\ E_{2y} = -E_0 \sin(\omega t - \alpha) \end{cases}$$

と書ける．これらを合成すると

$$E_x = E_{1x} + E_{2x} = 2E_0 \cos\frac{\alpha}{2} \cos\left(\omega t - \frac{\alpha}{2}\right)$$
$$E_y = E_{1y} + E_{2y} = 2E_0 \sin\frac{\alpha}{2} \cos\left(\omega t - \frac{\alpha}{2}\right)$$

となる．このとき
$$\frac{E_y}{E_x} = \tan\frac{\alpha}{2}$$
は時間によらず一定である．これは x 軸との角が $\dfrac{\alpha}{2}$ の方向で振幅が $2E_0$ であるような直線偏光を記述する．

索　引

あ行

アインシュタイン温度　21
アインシュタインの比熱式　21
アインシュタイン模型　21
アークツルス　4
アーク灯　4
アーク放電　4
圧縮因子　43
圧力　24
アボガドロ　20
アボガドロ定数　20
アルコール温度計　10
アルメル　12
アンタレス　4
位相　89
一次元調和振動子　81
色消しガラス　111
色収差　111
インバー　23
浮き磁石　14
右旋性　127
宇宙背景放射　11
運動の自由度　51
S波　87
X線　116
エーテル　87
エネルギー　34
エネルギー等分配則　78
MRI　7
MKSA単位系　2
エルゴード仮説　83
遠赤外線　116
エントロピー　68
エントロピー増大則　70
円偏光　127
凹レンズ　108
大きさ　95

か行

オットーサイクル　58
音の三要素　95
オネス　7
オングストローム　80
温度　2
音波　94

開管　102
回折　92, 122
回折像　122
化学エネルギー　46
可逆過程　60
可逆機関　64
可逆サイクル　64
可逆変化　60
楽音　95
カ氏温度　2
カラテオドリ　9
ガリレイ式望遠鏡　113
カルノー　56
カルノーサイクル　56
カロリー　16
カロリック　34
寒剤　6
干渉　92
干渉じま　120
完全反磁性　14
γ線　116
気圧　24
基音　100
気化　16, 17
幾何光学　104
気化熱　6, 16, 17
気体定数　40
気柱の縦振動　98
基本振動　98
基本ベクトル　127
逆進性　104
球面波　90

キュリー温度　14
凝固　17
凝固点　17
凝縮　17, 42
共振　99
共鳴　99
協和音　100
極低温物理学　7
虚像　108
屈折角　90
屈折の法則　90
屈折率　104
クーラー　6
クラウジウス　63
クラウジウス-クラペイロンの式　27
クラウジウスの原理　62
クラウジウスの式　65
クラウジウスの不等式　66
クラペイロン　57
クロメル　12
結晶格子　84
結晶構造　84
ケプラー式望遠鏡　112
ケルビン　2
弦　98
弦の横振動　98
高温熱源　56
光学　86, 104
光学器械　112
光学距離　124
光学的に疎　124
光学的に密　124
格子気体　43
光軸　106
格子振動　21, 80
格子定数　84
格子点　84
格子力学　101

索引

光線　90, 104
効率　56
光路差　124
国際単位系　2
固定端　98
固有振動　98
コンスタンタン　12

さ 行

サイクル　54
作業物質　54
左旋性　127
サーモグラフィー　10
サーモスタット　10
三重点　26
3倍音　100
3倍振動　98
三物体間の熱平衡則　8
紫外線　116
自記温度計　10
実像　108
質量的作用　46
射線　90
シャルルの法則　24, 40
ジュール　16, 38
準静的過程　33
昇華　26
昇華曲線　26
状態図　26
状態方程式　40
状態量　8, 9, 26
焦点　106, 108
焦点距離　106, 108
常伝導　7
蒸発　16, 17
常微分　47
シリウス　4
真空紫外線　116
進行波　86
振動のエネルギー　81
水圧機　25
水銀温度計　10
スペクトル　118
正弦波　88

声帯模写　101
正反射　104
生物時計　23
赤外線　116
赤方偏移　97
絶縁体　29
接眼レンズ　112
セ氏温度　2
絶対温度　2
絶対屈折率　104
絶対零度　2
ゼーベック　12
セルシウス度　2
全圧力　25
線形　101
旋光性　127
線スペクトル　118
潜熱　16
全反射　114
線膨張　22
線膨張係数　22
線膨張率　22
相　26
騒音　95
相図　26
相転移　14
素源波　90
粗密波　94
ソリトン　101

た 行

体温計　10
大カロリー　16
対偶　62
体心立方格子　84
体内時計　23
対物レンズ　112
体膨張　22
体膨張率　22
対流　28
高さ　95
縦波　86
単純立方格子　84
単色光　118
断熱圧縮　52

断熱過程　52
断熱消磁　7
断熱線　52
断熱変化　52
断熱膨張　6, 52
短波　116
中波　116
超音波　95
聴覚のしきい値　94
超伝導　7
超伝導磁石　7
超流動　7
直線偏光　126
直線偏波　126
定圧比熱　19
定圧モル比熱　50
低温熱源　56
抵抗温度計　10
定在波　98
定常波　98
定積比熱　19, 50
定積モル比熱　50
ディーゼルサイクル　58
D線　118
デシベル　94
デバイ温度　21
デバイの比熱式　21
デバイ模型　21
デュロン-プティの法則　82
転移温度　14
電子顕微鏡　113
電磁波　116
電波　116
等圧過程　50
等温圧縮率　42, 44
等温線　42
等積過程　50
導体　29
透明体　144
凸レンズ　106
ドップラー効果　96
トムソン　63
トムソンの原理　62

な 行

内部エネルギー　46
ナトリウムランプ　118
ナノテクノロジー　113
波　86
波の重ね合わせの原理　101
波の基本式　88
波の速さ　86

2 次波　90
二重線　118
2 相共存　42
2 倍音　100
2 倍振動　98
入射角　90

音色　95
熱　16
熱運動　80
熱学　32
熱機関　32, 54
熱起電力　12
熱源　56
熱速度　77
熱的作用　46
熱電気効果　12
熱電対　12
熱伝導　8, 28, 60
熱伝導率　28
熱の仕事等量　38
熱平衡　8
熱放射　11
熱膨張　22
熱容量　18
熱力学第一法則　48
熱力学第 0 法則　8
熱力学第二法則　62
熱量　16
熱量計　30
熱量保存則　19

は 行

媒質　86
バイメタル　10
倍率　110
白色光　118

波形　88
波源　92
パスカル　24
パスカルの原理　25
波長　88
ハッブル　97
波動　86
波動説　120
波動力学　104
波動量　86
波面　90
腹　90
反射角　90
反射の法則　90

P 波　87
比熱　18
比熱比　51
微分　47
氷点　26
氷点降下　26

ファラデー効果　127
不可逆過程　6, 60
不可逆機関　64
不可逆サイクル　64
不可逆変化　60
節　90
物質の三態　26, 80
沸点　17, 26
物理量　86
フラウンホーファー線　122
フラウンホーファーの回折　122
プラズマ　4
不良導体　28
フロギストン　34
分光学　118
分光器　118
分散　118
分子運動　46
分子間力　40
分子構造　80

閉管　98
平均律　95
平面波　90

ヘクトパスカル　25
ベル　94
ヘルムホルツ　36
偏光軸　126
偏光板　126
偏光面　126
偏微分　47

ホイヘンスの原理　90
ボイル-シャルルの法則　40
ボイルの法則　40
放射　28
放射熱　28
飽和蒸気圧　26
ボルツマン　77
ボルツマン定数　70, 76
ボルツマンの原理　77

ま 行

マイクロ波　116
マイスナー効果　14
マイヤーの関係式　50
摩擦熱　32, 60

水当量　30

虫眼鏡　110

矛盾的自己同一　37

明視距離　110
面心立方格子　84

モル比熱　20, 50
モル分子数　20, 46

や 行

ヤングの実験　120

油圧機　25
融解　17
融解曲線　26
融解熱　16, 17
融点　17, 26

要素波　90
横波　86
横波による縦波の表現　94

ら 行

ラボアジェ　34
乱反射　104
ランフォード　36

力学的エネルギー　36
力学的作用　46
理想気体　40

立方格子　84
粒子説　120
流体　25, 94
良導体　28
臨界圧縮因子　43
臨界温度　42
臨界角　114
臨界点　42

リンデ　7
冷媒　6
レンズの公式　108
連続スペクトル　118
ロシュミット数　84

著者略歴

阿部 龍蔵
（あべ　りゅうぞう）

1953年　東京大学理学部物理学科卒業
　　　　東京工業大学助手，東京大学物性研究所助教授，
　　　　東京大学教養学部教授，放送大学教授を経て
現　在　東京大学名誉教授　理学博士

主要著書

統計力学 (東京大学出版会)　現象の数学 (共著, アグネ)　電気伝導 (培風館)
現代物理学の基礎 8 物性 II 素励起の物理 (共著, 岩波書店)
力学 [新訂版] (サイエンス社)　量子力学入門 (岩波書店)
物理概論 (共著, 裳華房)　物理学 [新訂版] (共著, サイエンス社)
電磁気学入門 (サイエンス社)　力学・解析力学 (岩波書店)
熱統計力学 (裳華房)　物理を楽しもう (岩波書店)　現代物理入門 (サイエンス社)
ベクトル解析入門 (サイエンス社)　新・演習 物理学 (共著, サイエンス社)
新・演習 力学 (サイエンス社)　新・演習 電磁気学 (サイエンス社)
新・演習 量子力学 (サイエンス社)　熱・統計力学入門 (サイエンス社)
新・演習 熱・統計力学 (サイエンス社)　Essential 物理学 (サイエンス社)
物理のトビラをたたこう (岩波書店)　はじめて学ぶ 物理学 (サイエンス社)
はじめて学ぶ 力学 (サイエンス社)　はじめて学ぶ 電磁気学 (サイエンス社) など多数

ライブラリはじめて学ぶ物理学＝4

はじめて学ぶ 熱・波動・光

2007年11月10日 ©　　　　　　　初 版 発 行

著　者　阿部龍蔵　　　　　発行者　森平勇三
　　　　　　　　　　　　　印刷者　篠倉正信
　　　　　　　　　　　　　製本者　小高祥弘

発行所　　株式会社　サイエンス社

〒151-0051　東京都渋谷区千駄ヶ谷1丁目3番25号
営業☎(03)5474-8500(代)　FAX☎(03)5474-8900
編集☎(03)5474-8600(代)　振替00170-7-2387

印刷　(株)ディグ　　製本　小高製本工業 (株)

《検印省略》

本書の内容を無断で複写複製することは，著作者および
出版者の権利を侵害することがありますので，その場合
にはあらかじめ小社あて許諾をお求め下さい．

ISBN978-4-7819-1179-3
PRINTED IN JAPAN

サイエンス社のホームページのご案内
http://www.saiensu.co.jp
ご意見・ご要望は
rikei@saiensu.co.jp　まで．